心灵哲学丛书

高新民 主编

信息与心理内容

王世鹏 著

科学出版社

北京

图书在版编目(CIP)数据

信息与心理内容 / 王世鹏著. —北京：科学出版社，2016.7
（心灵哲学丛书）
ISBN 978-7-03-048602-8

Ⅰ. ①信… Ⅱ. ①王… Ⅲ. ①心灵学-研究 Ⅳ. ①B846

中国版本图书馆 CIP 数据核字（2016）第125290号

责任编辑：邹 聪 刘 溪 刘巧巧 / 责任校对：张怡君
责任印制：张 伟 / 封面设计：黄华斌
编辑部电话：010-64035853
E-mail:houjunlin@mail.sciencep.com

科 学 出 版 社 出版
北京东黄城根北街 16 号
邮政编码：100717
http://www.sciencep.com
北京东华虎彩印刷有限公司 印刷
科学出版社发行 各地新华书店经销
*

2016 年 7 月第 一 版　开本：720×1000　1/16
2018 年 1 月第三次印刷　印张：11 1/2
字数：216 000
定价：58.00 元
（如有印装质量问题，我社负责调换）

"心灵哲学丛书"

编委会

主　编　高新民

副主编　宋　荣　刘占峰

编　委　（以姓氏拼音为序）

　　　　陈剑涛　刘明海　蒙锡岗

　　　　商卫星　杨足仪　殷　筱

总 序

心灵可能是世界上人们最为熟悉，也最为神秘的现象了，正所谓"适言其有，不见色质；适言其无，复起思想，不可以有无思度故，故名心为妙"①。在一般人看来，"心"无疑是存在的，然而却不曾有哪个人看到或碰到过它，但若据此就说它不存在，似乎又说不通，因为心不只存在，而且还可将自身放大至无限，正如钱穆先生所说：心"并不封闭在各个小我之内，而实存于人与人之间"，它能"感受异地数百千里外，异时数百千年外他人之心以为心"。②

人类心灵观念的源头可追溯到原始思维。尽管其形成掺杂有杜撰的成分，其本体论承诺也疑惑重重，但它所承诺的心灵却在后来的哲学和科学中享有十分独特的地位。例如，迄今为止，它仍是哲学中的一个具有基础性地位的研究对象。正是由于存在心灵，才有了贯穿哲学史始终的"哲学基本问题"。当然它也历经坎坷，始终遭受着两方面的待遇：一方面是建构、遮蔽，另一方面是解构、解蔽。

心灵问题常被称为"世界的纽结""人自身的宇宙之谜"，是一个千古之谜、世界性的难题。它像一个强大的磁场，吸引着一

---

① 天台智者：《法华玄义》卷第一上，《大正藏》第33卷，第685页。
② 钱穆：《灵魂与心》，桂林：广西师范大学出版社，2004年，第18、90页。

| 信息与心理内容 |

代又一代睿智之士，为之殚精竭虑、倾注心血，而这反过来又给这个千古之谜不断地穿上新的衣衫，使之青春永驻、历久弥新。当然，不同的文化背景和致思取向在心灵的认识方面也会判然有别。例如，西方哲学在科学精神的影响下，更关注心灵的本质、结构、运作机制等"体"的问题，而东方智慧由于更关注人伦道德问题，因而更重视寻觅心灵对"修、齐、治、平"的无穷妙用。但不管是哪一种取向，在破解心灵之谜的征程上仍然任重道远，甚至可以说我们目前对心灵的认识尚处于"前科学"的水平。其原因是多方面的，但其中一个重要原因是我们的认识和方法犯了某种根本性的错误（如吉尔伯特·赖尔所说的"范畴错误"），未能真正超越二元论，因而对心灵的构想、对心理语言的理解是完全错误的。这样一来，当务之急就是要重构心灵的地形学、地貌学、结构论、运动学和动力学。

应该承认，常识和传统哲学确有"本体论暴胀"的偏颇，但若矫枉过正而倒向取消主义则无异于饮鸩止渴。从特定意义上说，心灵既是"体"或"宗"，又是"用"，它不仅存在，还有无穷的妙用。说心是"体"，是因为人们所认识到的世界的相状、色彩等属性，以及世界呈现给人们的各种意义都离不开心，因而心是一切"现象"的本体和基质，是一切价值的载体，也是获得这些价值的价值主体。说心是"用"，是因为人的生活质量好坏、幸福指数高低、能否成为有德之人，在很大程度上取决于心之所使，正如天台智者所言："三界无别法，唯是一心作，心能地狱，心能天堂，心能凡夫，心能圣贤。"[①]由此看来，心不仅有哲学本体论和科学心理学意义上的"体"、本质和奥秘，也有人生价值论意义上的"体"和"用"。由于有这样的认识，中国自先秦以降很早就形成了一种独特的"心灵哲学"：从内心来挖掘做人的奥秘，揭示"成圣为凡"的内在根据、原理、机制和条件。从内在的方面来说，这是名副其实的心学，可称为"价值性心灵哲学"，而从外在的表现来看，它又是典型的做人的学问——"圣学"。

在反思中国心灵哲学的历史进程时，我们同样会遇到类似于科学史上的"李约瑟难题"：17世纪以前，中国心灵哲学和中国科学技术一样，远远超过同期的欧洲，长期保持着领先地位，或者说至少有自己的局部优势，但此后，中国与欧洲之间的差距与日俱增。李约瑟也承认，东西方人的智力没多大差别，但为什么伽利略、牛顿这样的伟大人物来自欧洲，而不是来自中国或印度？为什么近代科学和科学革命只产生在欧洲？为什么如今原创性的心灵哲学理论基

[①] 天台智者：《法华玄义》卷第一上，《大正藏》第33卷，第685页。

总 序

本上都与西方人的名字连在一起？带着这样一些疑惑、觉醒意识和探索冲动，一些中国青年学者踏上了探索西方心灵哲学、构建当代中国心灵哲学的征程。本丛书是其中的一部分成果。它们或许还不够成熟，但毕竟是从中国哲学田园的沃土里生长出来的。只要辛勤耕耘、用心呵护，中国心灵哲学的壮丽复兴、满园春色一定为期不远。

高新民　刘占峰

2012 年 8 月 8 日

前 言

在我们进行思维、想象、认知等各种心理活动的时候，我们会认为我们的头脑中有相应的内容，这是哪怕最彻底的唯物主义者也不会否认的一个事实。例如，按照马克思哲学的看法，意识、思维具有形式和内容两个方面，内容具有主观的存在方式。但是，对这个内容我们应如何理解？它到底是什么？它与外部世界是什么关系？与我们的身体是什么关系？它是纯粹精神性的存在还是物质呢？实际上，内容问题一直以来都是哲学研究中的一个重要问题。在当代语言哲学和心灵哲学的研究中，内容有时候甚至会被看作是意义的同义词，可见其重要性。但是，对内容和意义的研究并不是当代西方哲学的专利，马克思主义哲学同样关注内容问题。马克思主义经典著作中有大量关于内容和心理内容的直接论述，这些论述是我们当前研究和发展马克思主义内容理论的主要参考依据。

事实上，国内马克思主义哲学研究中已经积累了大量的关于内容问题的研究成果。总体来看，这些成果主要是从两个方面着手的。一是通过研究内容与形式的关系来研究内容，二是通过思维与存在的同一性关系来研究内容。尤其是20世纪60～80年代对思维和存在同一性的研究一度成为哲学研究的一个热点，受此影响，关于内容的研究也大大向前推进了。除了上述直接针对"内容"这一概念的内容研究之外，围绕与"内容"相关的其他形式的概念进行的内容研究更是成果显著。甚至可以说，整个马克思主义认识论中的所有范畴,都要么能够直接被归属于心理内容,要么与心理内容密不可分。在此对整个马克思主义认识论涉及的内容研究进行详细的梳理是不切实际的,而且没有必要。因为本书的目标并不是要涵盖马克思主义内容研究的所有方面和维度,而只是要从信息的角度来研究马克思主义内容理论,特别是要借鉴西方心灵哲学中的信息语义学研究成果为达成这一目标服务。鉴于信息概念和内容概念本身的复杂性,本书没有更多的篇幅容纳其他内容了。

马克思主义所理解的内容既包括心理内容(思维内容),又包括一般的物质内容。比如,当恩格斯说"世界和思维规律是思维的唯一内容"[1]时,这个内容指的就是心理内容。当经典作家们讲到任何事物都是内容与形式的统一时,这个内容指的又是物质世界本身的内容。仅就心理内容而言,国内的研究主要集中在内容的对象、来源、基础、本质等方面。这些研究视角无疑是对心理内容进行研究最需要把握的。但是当前国内的研究也存在一定的不足之处,比如,与西方哲学的内容研究相比,国内对心理内容的研究视角略显单调,对内容的分类研究比较滞后,而且缺乏专门的、以心理内容为直接对象的专门研究。与这种情况相反,心理内容的研究在当代西方心灵哲学中,尤其是在各种自然主义的发展和推动下,被大大向前推进了。这表现在以下几个方面。第一,对心理内容的划分有了更多新的标准,因此一些以前未曾出现过的新的心理内容进入人们的研究视野。以往的认识论研究习惯把心理内容划分为感觉、知觉、表象、印象、情感、意志等方面,这与心理学的划分大体是一致的。但是现在随着哲学对心理现象的深入研究,一些专属于心理内容的哲学研究的术语产生出来,如宽内容、窄内容、表征内容、语义内容、认知内容、信念内容等。第二,对心理内容的说明增添了一系列新的要素,产生了一些新的理论。对于"心理内容为什么会产生"这一古老问题,哲学家们一直争论不休。从最古老的回忆说、流射说,到近代的白板说、大理石花纹说,再到当代的感觉与料理论和表征理论,这一问题为形形色色的唯物主义、唯心主义、二元论,以及各式各样的经验论、唯理论和怀疑论提供了争论和交汇的舞台。当代西方心灵哲学产生了专门研究这一问题的理论,称作心理内容的原因理论。在这一理论的诸多理论样式中,信息、目的、功能等要素轮番上阵,产生了一个又一个关于心理内容的理论。第三,西方哲学对心理现象作出了新的分类,认为它包括命题态度和现象性经验(感受性质)两大类。这两类心理现象都有内容,前者的内容是概念性、命题性内容,后者的内容是非概念的,表现为当下生动、直接的体验。

---

[1] 马克思,恩格斯.马克思恩格斯全集.第20卷.中共中央马克思恩格斯列宁斯大林著作编译局译.北京:人民出版社,1971:622.

| 前 言 |

第四，心理内容的自然化在当前西方哲学内容研究中地位突显。提到西方哲学，尤其是当代哲学，人们首先想到的是各式各样的唯心主义和二元论，这种评价或许正确，但在西方心灵哲学的内容研究当中，情况却绝非如此。在这里，唯物主义和自然主义占有绝对的优势，唯心主义和二元论只能固守一隅之地。这种情况不得不引起我们的重视，因为如果我们同样要在坚持唯物主义的前提下研究心理内容，那么西方哲学对于心理内容的研究成果就理应为我所用。

那么，在西方心灵哲学的内容理论看来，什么是内容？什么又是心理内容？应当说内容就像表征、意义一样是一个比较含糊的概念。一般而言，内容指的是那些被说出、被断言、被思维、被相信、被预期、被希望的东西。而心理内容就是被心理状态[①]或者心理过程所具有的内容。所以当我们提到心理内容的时候，我们指的是内在于某个人的心灵当中的某种东西。用心灵哲学的术语来说，心理内容即是心理表征（概念、思维、亚人状态）所表征或者所关于的东西。比如，相信天在下雨这个状态的内容即是天在下雨这个命题。一个具有内容的状态也就是表征着世界的某个部分或者方面的状态，这样的一个状态也被称为是意向状态。在这里，心理内容问题就与心灵哲学的最核心问题即意向性问题交汇在一起。

意向性概念在西方内容研究中具有重要地位。所谓的意向性即是"关于性"（aboutness），指的是心理内容能够关于、表征其对象的那种特性。这样的规定可能比较抽象，但如果我们仔细反思我们的心理内容时就会发现，我们的心灵具有一种令人诧异的关于他物的能力。比如，当我想到长城时，长城就成为我的心理内容，甚至一些在现实世界中根本不存在的东西，如方的圆、独角兽、上帝、世界和平也能够成为我的心理内容。它们因何会成为我的心理内容呢？此外，似乎不同类型的心理状态也能够具有相同的内容。比如，我相信天在下雨，但是我不希望这样。在这里，我的信念和我的预期具有相同的内容或者"对象"，两者都是关于天在下雨的，或者都是关于天在下雨这一事实的。但是与这一内容相关的态度却并不相同。再者，不同主体的心理状态也能够具有相同的内容。比如，我相信天在下雨，你也相信天在下雨，那么我们的信念就具有相同的内容或者"对象"。但是，这就不禁使我们追问，心理内容与我们的大脑结构、状态、功能是何关系呢？是否相同的状态就具有相同的内容，不同的

[①] 心理状态就是个体能够处于其中的一些心理学状态，如知觉、记忆、相信、欲望、希望、意向等。心理状态上存在的主要区别包括意向的心理状态和现象的心理状态。其他一些区别还包括正在当下的（occurrent）和倾向的（phenomenal），知觉的和概念的，信念的（doxastic）和亚信念的（subdoxastic），有意识的和无意识的。

vii

状态就具有不同的内容呢？对心理内容的研究时常令我们感到诧异和疑惑，但也使我们对心理内容的研究不断深入。

如上所述，西方心理内容研究的一个显著特点是通过意向性来说明心理内容。具有意向状态就是具有意向性的，即直接指向世界的心理状态，如信念、思维、判断、欲望、希望、害怕。例如，信念就是一种典型的意向状态，它具有内容，其内容能够在表述一个命题的句子中得到陈述，而且它还具有满足条件，即能够为真或为假。但是，如果我们要在这里用心理状态和意向状态来说明心理内容的话，就会有一个新的问题产生：信念、欲望等这些意向状态并不是真正的科学的术语，当我们使用这些术语时，我们指的是什么？在日常生活中，很多时候我们确实可以依靠信念、欲望的内容来解释人的行为，但这就一定表明事实上真的存在这样一些心理要件吗？这样一个带有本体论性质的问题是我们在对心理内容进行进一步的研究之前首先需要注意的问题。当前心灵哲学对此问题存在两种截然不同的态度：一是取消论，二是实在论。取消论认为，根本就不存在所谓的意向状态，即没有信念、愿望、意向，当然也就没有心理内容。取消论即取消主义，又称作取消式的唯物主义，它是自然主义对待心理内容能够作出的几种选择之一，但是这种理论太过极端，而且在很多时候会陷入自相矛盾。实在论则承认心理内容的实在性，但是这样一来它就必须对心理内容的本体论地位作出说明。根据这种说明，心理内容的实在论又可以分为二元论和一元论，前者把心理内容规定为不同于物质的心理实在或者精神实在，后者则又有唯物主义和唯心主义之别。心理内容的二元论必然陷入笛卡儿二元论和交感论的矛盾，它和关于心理内容的唯心主义观点一样都是我们应当反对和抛弃的。所以，我们剩下的选择就只能是关于心理内容的唯物主义的实在论。换言之，我们必须对心理内容作出唯物主义的说明，使之在唯物主义的本体论框架内有一席之地。这样一来，心理内容的自然化问题就被提上了议事日程，因为所谓的自然化，实质就是"唯物主义化"。

本书坚持自然主义的意向实在论，力图对心理内容作出自然化的说明。而信息则是进行这种自然化说明的首选要素。用信息说明心理内容（与意义）的理论被称作信息语义学。信息语义学是当今西方心灵哲学中一种重要的心理内容自然化理论，它力图根据信息及其相关概念对心理内容作出自然主义的说明。在本书中，笔者将对心理内容自然化的历程及心理内容的主要分类进行简单介绍，并着重描述信息语义学的几种主要样式，然后通过借鉴信息语义学家关于信息本身研究的成果，结合当今信息哲学中对信息概念的界定，尝试回答信息是什么、它有哪些特性这样的问题，并对信息的本体论地位作出说明。对信息

前　言

本体论地位的说明牵涉到两方面的内容：一是信息在自然主义承诺的本体论图景当中居于何种地位；二是信息在马克思主义哲学的物质本体论（笔者会在第八章说明为什么把马克思主义哲学的本体论称作信息本体论）中居于何种地位。在完成了对信息本身的上述研究之后，笔者将关注以下问题：信息语义学的研究对当前国内的哲学研究特别是马克思主义哲学研究是否能够产生一些促进作用？如果能的话，这些作用表现在哪些方面？

笔者认为，信息语义学的研究对国内哲学研究的促进作用是显而易见的，这主要表现在三个方面。第一，通过对心理内容自然化历程的考察，我们可以看出，作为心理内容自然化理论的最新形式也是主要成果之一——信息语义学与哲学史上关于心理内容的各种唯物主义理论是一脉相承的。尽管自然主义和唯物主义在强调的侧重点上略有区别，但是作为世界观而言，两者是相通的，它们都反对把心理内容看作是与物质相异的精神实体，都坚持物质的第一性，都力图在自然的物质世界框架之内对心理内容作出科学的说明。当然，要深入了解这些内容，我们还需要对马克思主义哲学的本体论思想和自然主义的本体论思想进行对比，以了解作为信息语义学之理论基础的信息概念在马克思主义哲学所承诺的本体论之中处于何种地位。第二，信息语义学的实质在于利用信息及其他一些相关的自然主义概念来说明心理内容，这种说明与以往的那些关于心理内容的说明相比表现出了更多的唯物主义成分，毕竟自然化运动的目的就在于"为心灵祛魅""清除笼罩在心灵之上的神秘性"。这样一来，信息语义学就与马克思主义哲学中有关内容的思想产生了共鸣。马克思主义经典著作中涉及大量有关内容的论述，这些论述中有很多思想与信息语义学有关内容的主张是不谋而合的。第三，信息语义学不仅关注心理内容如何产生的问题，即心灵如何表征外部世界及外部世界的内容（即宽内容）如何进入心灵当中，而且还关注心理内容如何对行为产生影响的问题，即内容如何引导行为，如何重新外化到外部世界当中。这两个问题从不同侧面描述了心灵与外部世界的关系：一个是向前的，关于原因的，一个是向后的，关于结果的。心灵哲学围绕这两个问题的研究分别产生了两个既具有相关性又具有相对独立性的理论：围绕第一个问题的研究称作心理内容的原因理论，围绕第二个问题的研究称作心理因果性理论。而这两种理论所表达的思想在一定程度上却可以通过马克思主义哲学的实践概念体现出来。实践是主观见之于客观的，其中既包括了内容的原因论层面，又包括了内容的结果论层面。所以，信息语义学关于心理内容的研究同样是对马克思主义哲学实践理论的丰富和发展。

利用信息和信息语义学来发展马克思主义认识论，进而构建出马克思主义的内容理论，在当前具有很强的可行性。一方面，西方信息语义学的发展不断为我们提供一些新的、有价值的成果；另一方面，当前国内已经有了不少利用信息概念发展马克思主义认识论的尝试。更为重要的是，一门以信息冠名的哲学分支——信息哲学正在兴起，国内外哲学界都有很多人对此寄予厚望。以信息为基础说明心理内容既是自然化运动中信息语义学的核心目标，也是信息哲学的重要研究内容。因为信息哲学最主要的研究纲领针对的就是信息概念本身的研究和此概念的哲学应用，而信息语义学的研究同样少不了这两项任务。总之，我们当前处在一个有利的时机，信息语义学和信息哲学的发展都要求我们重视信息在马克思主义内容研究中的重要性。有鉴于此，本书拟通过对信息语义学的研究，批判地借鉴西方哲学内容研究的成果，为我国内当前的内容理论研究做一粗浅尝试。

王世鹏
2015 年 6 月

目 录

总序 / i

前言 / v

第一章 宽内容、窄内容、粗内容、细内容 / 1

    第一节 孪生地球思想实验与外在主义引发的问题 / 3

    第二节 孪生地球思想实验的信息语义学重构和解读 / 5

    第三节 孪生地球思想实验的继续与问题的深化 / 8

    第四节 心理内容：从宽窄到粗细 / 11

第二章 心理内容的自然化历程 / 15

    第一节 自然主义的本体论承诺 / 15

    第二节 心理内容的自然化进路 / 22

    第三节 信息何以可能 / 27

第三章 信息语义学的一般问题 / 30

    第一节 什么是信息语义学 / 31

    第二节 信息语义学的代表方案 / 34

第三节　信息语义学和目的论语义学 / 37

第四章　德雷斯基的内容理论与错误表征 / 43

第一节　通信理论的适当改造 / 44

第二节　信息的语义理论 / 48

第三节　德雷斯基对错误表征的说明 / 52

第五章　目的论的内容理论 / 59

第一节　米利肯的内容理论 / 60

第二节　博格丹对内容的说明：增量信息 / 68

第三节　博格丹对内容的说明：从目的论到语义学 / 76

第六章　福多的非对称依赖性理论 / 86

第一节　思维媒介及其自然化 / 86

第二节　析取问题 / 88

第三节　表征问题和错误问题 / 91

第七章　信息及其特征 / 96

第一节　信息与形式 / 96

第二节　信息与意义 / 101

第三节　信息与实在 / 104

第四节　信息是什么 / 108

第八章　信息的本体论说明 / 113

第一节　本体论的概念澄清 / 114

第二节　马克思主义的物质本体论 / 117

第三节　自然主义的多层次本体论 / 121

第四节　信息的本体论地位 / 125

第九章　关于信息语义学的若干思考 / 132
　　第一节　信息语义学的成果能说明什么 / 132
　　第二节　一种可能的信息语义学方案 / 136

第十章　马克思主义的内容理论之重新解读 / 142
　　第一节　马克思主义经典作家论内容 / 142
　　第二节　借鉴信息语义学的积极成果发展马克思主义内容理论 / 150

参考文献 / 156

后记 / 161

第一章
宽内容、窄内容、粗内容、细内容

与以往相比，当代心灵哲学对心理内容作了更加深入的研究，其主要表现之一就是它创造了许多新的概念，用来描述不同类型的心理内容。宽内容和窄内容是心灵哲学对心理内容的一种主要划分。当代心灵哲学中对心理内容的研究无不涉及这两种心理内容。但是，近些年来，随着信息语义学研究的不断深入和发展，一些信息哲学家开始提出和倡导关于内容的一种新的分类，即将心理内容分为粗内容和细内容。粗内容和细内容的划分是以信息为基础进行心理内容自然化研究的一个成果。当然，当前的心理内容的研究仍然还主要集中在内容的宽与窄（即宽内容和窄内容）上面，对于粗内容和细内容的探讨主要还是那些以信息为解释项来解释心理内容的信息语义学家。而且信息语义学家同样是在研究宽内容和窄内容的过程中逐步接触到粗内容和细内容的。在本章中，笔者同样按照这条线索来进行考察，以了解信息语义学家是如何从信息语义学的视角切入宽内容和窄内容的研究，并最终发现粗内容和细内容的。我们这里进行探讨关注的是哪些特定的心理状态具有哪些特定的内容这样比较具体的问题。这种探讨将内容的存在视为一个理所当然的前提条件。一些哲学家认为，在对内容进行分类即研究内容的宽窄粗细问题之前，首先应当探讨一个更一般的问题，即各式各样的心理状态为什么会具有心理内容？我们能够把某种东西作为自己心理的内容依靠的是心理能够与这种东西发生关系的特定机制，即心灵能够关于或者表征这种东西的机制。用亚当斯（F. Adams）的话说，我们应找到一种机制使心理状态能够具有内容[1]。对这种机制的说明被称作心理内容的因果理论，笔者将在下一章介绍信息语义学时再回到这种理论。在此笔者暂且把这种理论放下，先来研究心理内容的分类（笔者在前面已经承诺了心理内容的实在性），通过这种分类的演变引入到信息语义学的一般理论当中。

---

[1] Adams F. Thoughts and their contents: naturalized semantics//Stich S, Wafield F. The Blackwell Guide to the Philosophy of Mind. Oxford: Basil Blackwell, 2003: 143-171.

有关宽内容的争论源自于人们观察到的一种事实：很多信念的内容不仅依赖于信念持有者大脑内部的物理构造，而且还依赖于语境的特性。关于宽内容的论述最著名的例子是希拉里·普特南（Hilary Putnam）的孪生地球实验。普特南通过该实验表明，关于自然种类的信念的同一性取决于信念持有者的世界中实际出现的是什么种类。除了普特南之外，弗雷德·德雷斯基（Fred Dretske）、伯奇（Tyler Burge）、埃文斯（Gareth Evans）和帕皮诺（D. Papineau）也都是宽内容的拥护者。比如，帕皮诺曾说："一旦我们获得了关于内容的一个令人满意的一般理论，那我们就会明白为什么有些内容应是宽的，这一点也不奇怪。"[1]除了孪生地球实验之外，伯奇的"关节炎"思想实验也是宽内容的一个论证。笔者在本章的讨论主要集中在孪生地球实验上，因为该实验既是宽内容和窄内容支持者争论的焦点，又得到了信息语义学家的重新解读。因此对该心理实验的研究可以将宽内容、窄内容、粗内容、细内容的研究要点都囊括进来。

对宽内容产生质疑并主张窄内容的哲学家在当今哲学中只是少数派，其代表人物是福多（J. Fodor）。福多对宽内容产生质疑的原因在于（这同时也是宽内容的一个难题），头脑之外的东西何以能够对心理状态的解释发挥作用[2]。所以明显可以看出，关于内容宽窄的争论把信念及其他命题态度具有表征内容视为前提，争论围绕的仅仅是这些内容是否与内在的物理构造绑定在一起。因此，关于表征内容的探讨比关于内容宽窄的探讨更为基础，更为一般。

当然也有人对此产生异议，比如，麦克道尔（John McDowell）认为，只有在把所有的信念都误认为是窄信念时，关于表征的问题才会出现。换言之，如果你不把信念仅仅看作是头脑内部的东西，而像外在主义者那样主张对信念的拥有实际上涉及头脑之外的东西，那么关于表征的问题[3]，即头脑内部的东西何以可能代表头脑之外的东西这一问题就不再成为问题。麦克道尔实际上是想用宽内容来消解关于表征的一般问题，但这种方法明显是错误的。正如帕皮诺对麦克道尔的这一企图所进行的评论：在我看来，这似乎完全是背道而驰的[4]。因为，人们身上明显有很多状态虽然涉及头脑之外的东西，但却并没有因此成为表征性的状态，如社会影响力、名声等。所以，必须先解决关于表征的一般问题，进而才能解决内容的宽窄问题。普特南的孪生地球实验可以看作是有关宽

---

[1] Papineau D. Philosophical Naturalism. Oxford: Basil Blackwell, 1993: 61.
[2] Fodor J. Psychosemantics. Cambridge: The MIT Press, 1987: 16.
[3] 这里说的关于表征的问题并不是福多所说的表征问题。笔者用"关于表征的问题"以示区别。
[4] Papineau D. Philosophical Naturalism. Oxford: Basil Blackwell, 1993: 61.

内容和窄内容之间争论的一个焦点。本章主要通过信息语义学的两个代表人物——福多和德雷斯基关于孪生地球实验的看法来考察宽内容和窄内容之间的分歧。

第一节 孪生地球思想实验与外在主义引发的问题

　　孪生地球思想实验是美国哲学家普特南在《"意义"的意义》一文中为阐明其外在主义观点而提出的一个思想实验。自此之后的几十年间，孪生地球思想实验在分析哲学，尤其是语言哲学和心灵哲学界，甚至比阐述它的这篇文章本身受到了更多的关注。一些重要的哲学家或者直接针对孪生地球思想实验展开讨论，或者对该实验进行改造和重构，以此来讨论与之相关的一些问题。在围绕孪生地球实验而展开的这场声势浩大的争论中，美国哲学家德雷斯基从信息语义学的角度对该实验进行了解读，由于引发了他与内在主义的代表人物福多之间的论战，从而显得尤为引人注目。他们之间的论战围绕的主要还是心理内容是内在的还是外在的，以及由此引发的心理内容对行为是否产生因果作用等这样一些人们所熟悉的重大问题。但在对这些重大问题的讨论中，很多新的、具有创造性的理论、观点和看法从中被折射出来，从而将这些问题引入到更深、更广的层面上。

　　人们的心理内容既具有共同性又具有个体性，这是一个毋庸置疑的事实，但这是何以可能的呢？我们必须利用或者诉诸某些东西来对心理内容的这种特性进行说明，但问题在于我们能够利用和诉诸的东西的范围是否有一个限定呢？换言之，我们要对心理内容的这种特性作出说明，是应当仅仅利用我们自身所具有的一些属性，还是应当同时利用我们身体之外的其他东西呢？针对这些问题主要有两种回答：一种被称为个体主义或者内在主义，其基本主张是内容不在头脑之中，而由其对象环境、环境所决定，这种内容又称为"宽内容"；另一种被称为反个体主义或者外在主义，其基本主张是心理内容在根本上是大脑或神经系统本身具有的属性，这种内容被称为"窄内容"。外在主义作为一种常识的观点，在笛卡儿之前就存在于大多数哲学体系之中，如古希腊的流射说、影像说，中世纪新唯名论的新经验论等都包含着其思想雏形。笛卡儿最先对外在主义展开批判，并建立了第一个比较完备的内在主义或个体主义体系，他认为：思想、信念等是心灵与自己本身所具有的内在对象的一种关系。这一思想后经洛克、莱布尼兹和康德等的发展，成了20世纪布伦塔诺的意向性学说诞生之前占主导地位的思想倾向。随后经过布伦塔诺和弗雷格两人的进一步完善，个体主义又成了现代哲学、心理学、语言学中的一种最有影响的、堪称"传统"的理论。

维特根斯坦因其《哲学研究》中具有的鲜明的外在主义思想而被认为是当代外在主义的先驱。但对外在主义的发展最有影响的当属美国哲学家普特南，他于1975年发表的《"意义"的意义》一文被认为是现当代外在主义的宣言书。普特南不仅对外在主义做了新的论证，提出了更为激进的观点，而且对传统的个体主义做了彻底的清算，从而引发了个体主义与反个体主义的当代论战。在普特南看来，内在主义和外在主义，或者个体主义和反个体主义争论的焦点可以用一个通俗简单的问题体现出来，那就是：意义（内容）在不在头脑之中？如果意义（内容）不在头脑之中的话，那么显然就不能仅仅依靠身体内部的属性对之进行说明，这样外在主义就是正确的；反之亦然。为了说明这一点，普特南设计了孪生地球思想实验。下面简述该实验。

设想我们的地球之外还存在一颗孪生地球。孪生地球是地球的分子对分子的复制品，它与地球的唯一区别在于：在孪生地球上江河湖海中流动的、人们日常饮用的不是H_2O，而是XYZ，但H_2O与XYZ具有完全相同的可观察特征（如透明、解渴、能灭火、在0℃时结冰等）。而且孪生地球人在生理、心理过程和结构上也与相应的地球人完全相同，他们也有"水"一词，该词的神经基础、物理构型、概念作用也与地球人的"水"完全一样，只不过他们的"水"指XYZ，而地球人的"水"指H_2O。那么当一个孪生地球人与一个地球人都说"给我一杯水"时，他们表达的思想就是不同的，因为他们的思想关于的对象不同：一个关于H_2O，一个关于XYZ。关于不同对象的思想就是不同的思想，因此尽管他们有相同的大脑状态，但却有不同的思想内容[①]。

普特南认为，上述思想实验是驳斥内在主义、证明外在主义的一个重要的根据，因为如果两个心理状态完全相同的人，他们所说的"水"的意义是不同的，即一个指的是H_2O，一个指的是XYZ，那么"不管怎么说，意义不在头脑之中"[②]。因此，传统的内在主义的意义理论是错误的，只不过是"吞噬意义的神话"。它错误的根源在于它的方法论的唯我论承诺。根据方法论的唯我论，真正的心理状态不需要该状态所属的主体之外任何其他个体的存在，甚至不需要

[①②] 普特南."意义"的意义.李绍猛译//陈波,韩林合.逻辑与语言.北京:东方出版社,2005:453.

这个主体的身体的存在。也就是说，如果 P 是真正的心理状态，那么一个"非具身化的心灵"处于 P 当中，这在逻辑上是有可能的。根据这种说法，所谓嫉妒，就是嫉妒我们自己的幻觉或想象的东西，与外在事物无关。方法论的唯我论所认可的这种心理状态，被普特南称为"窄意义的心理状态"，与之相应的就是普特南所反对的"个体主义"或者"内在主义"的观点。

普特南的孪生地球实验生动形象地呈现出了内在主义的问题所在，将外在主义的发展推向了一个新的高度，但它本身也面临很多难题。内在主义针对这些难题向外在主义发起了种种责难。这些难题主要表现在两个方面。首先，内在主义认为它无法解释错误表征问题。因为根据外在主义，似乎必然会得出这样的结论：只要环境相同，那么心理内容就必然相同。但事实上却并不总是这样。其次，内在主义认为它无法解决因果关系上的形而上学问题，即无法摆脱副现象的威胁。因为外在主义对心理内容的解释承诺的是一种关系属性，即诉诸心理内容与其对象和环境之间的关系来说明心理内容。但由于因果作用的原因是局域性的，所以关系属性不能作为原因起作用。这样外在主义就面对这样的难题：意义或者内容是如何对行为起作用的？如果无法说明的话，意义和内容就会沦为副现象。

第二节　孪生地球思想实验的信息语义学重构和解读

在普特南引发了内在主义和外在主义之间的战火之后，伯奇、米利肯（R. Millikan）等一批哲学家都对普特南的外在主义进行过辩护，但其中最有新意、论证最为有力和完善的当属美国哲学家德雷斯基。德雷斯基依据他所创立的信息语义学对孪生地球实验重新进行了描述和解读，使外在主义的主张在方法上和材料上都获得了新的支持和论证，同时还与外在主义的反对者们进行了激烈的论战，对针对外在主义的种种责难作出了较为令人信服的回答。首先来看一下德雷斯基所描述的孪生地球实验。

假定我们的地球之外还存在着一个孪生地球，在那里有两种物质 XYZ 和 H_2O，这两种物质在化学上完全不同但都具有水的表面属性（superficial properties）。"表面属性"意指我们通常（在实验室外边）赖以将某物确定为水的那种属性。这两种物质都被孪生地球的人称作"水"，因为除了详细的化学分析之外，它们是无法辨别的。这两种物质都能解渴，尝起来也一样，沸腾和结冰的温度等也一样。现在设想，某个孪生地球人汤姆在孪生地球上的某个地方学习水是什么，而在这个地方 H_2O 和 XYZ 都有作为水的资格。但是后来发现，汤姆在学习水（或者孪生地球人所谓的"水"）是什么时，仅仅只接触到了 H_2O。之后汤姆被传送到了地球上，在这里只存在 H_2O 而没有 XYZ。汤姆在地球上和在孪生地球上的生活完全没有区别，而且汤姆和他的地球人朋友们相信他们在使用"水"这一语词时，心里想的东西是一样的[1]。

但是这里的问题不在于汤姆说什么，而在于汤姆相信什么。汤姆所具有的关于水的概念和地球人是不同的。当汤姆说"这是水"时他所相信的东西，并不是地球人在说"这是水"时所相信的东西。汤姆用"水"意指的是 H_2O 或者 XYZ。但地球人仅仅用"水"意指 H_2O。当然汤姆和地球人都不知道这一点。如果被问起的话，汤姆会说他用"水"意指水。实际情况确实如此，但关键是与地球人相比，在汤姆那里有更多的事物有资格成为水。如果我们设想一些 XYZ 也被传送到了地球上，那么汤姆对于此种物质的信念——它是水，就会是正确的，而他的地球人朋友的信念——它是水，则会是错误的。

为什么会造成上述的这种不同？信息语义学给出的解释是：汤姆和他的地球人朋友们在他们各自的学习阶段对不同种类的信息作出了反应。要明白这一点，我们就必须了解信息语义学的内容理论。信息语义学的内容理论是由下述三个相互关联的部分构成的。第一，把认知内容追溯到它在信息内容的原因论起点上。第二，把知觉上获得的信息内容转换成认知（语义）内容。第三，把心理状态的认知内容作为行为的原因。从总体上看，它遵循的是从信息到知觉再到认知（概念形成）的过程，而信息客观地存在于这个过程的每个阶段之中。除了信息之外，学习在信息语义学的内容理论中至关重要。因为在信息语义学看来，感觉、知觉、概念、语义、结构、信念和信息之间具有一致性，这种一致性的基础是信息，但在信息这个基础之上将信息语义学构建起来的第一个前提就是学习。一个主体获得一个概念的过程，也就是该主体通过学习形成一个内在结构的过程。所谓学习，就是要让主体在特定阶段有条件接触到大量的相关信息，培养起对相关信息的敏感性，最终使主体内部在这些相关信息的刺激下形成一个特定的结构。具体到孪生地球实验而言，要让汤姆或者地球人习得"水"这一概念，就是要让他们有条件接触到大量与水相关的信息，这些信息中不仅要包括有关水是什么的信息，而且还要有关于水不是什么的信息。这些

---

[1] Dretske F. Knowledge and the Flow of Information. Oxford: Basil Blackwell, 1981: 226.

信息在他们的学习阶段持续地对他们进行刺激，就会导致他们内部形成关于水的概念，即形成可以用"水"来表达的一个结构。在这个意义上，概念就是结构，学习一个概念就是形成一个结构。德雷斯基把主体在学习阶段通过直接接触信息所获得的概念称作原始概念，把和某一个原始概念相对应的信息称作此概念的信息原点。正是概念的信息原点保证了概念的同一性。也就是说，一个个体所拥有的这个概念的同一性（即该个体具有什么概念）完全是由他在学习活动中所利用的信息决定的。这样，主体的概念或者结构的语义内容就是由学习过程中该主体所接触到的信息所决定的。学习过程之中即是领会意义之处。从概念的形成过程中我们可以看出，概念的内容必定是来自外部环境的，是学习者从环境中获得的。因此，对内容和意义的研究"必须要追溯到独立于心灵而存在的环境（和信息）当中"[①]。

我们再回到孪生地球思想实验。汤姆和他的地球人朋友们在学习水是什么期间接触到的是同样的物质即 H_2O，但是该物质是 H_2O 这一信息对地球人和对汤姆的作用是不同的。在孪生地球上，对于学习水是什么，即形成"水"这一概念（内在结构）有用的不是 t 是 H_2O 这一信息，而是 t 要么是 H_2O 要么是 XYZ 这一信息。汤姆在学习期间正是对后面这条在本质上析取的信息变得有选择的敏感了。而对地球人而言，既然在地球上没有 XYZ，那么地球人获得的就是一个不同的概念，因为他们的判别反应是由一条不同的信息所形成的，即这是 H_2O 这一信息。在这两个世界发挥作用的这些规律性（水的化学构成）的东西是不同的，所以在物理上不可识别的诸信号中的这种信息也就是不同的。因此，作为对这些信号的反应而发展出来的诸结构的语义内容也是不同的。这就是为什么，虽然汤姆的概念作为对相同种类的物理刺激的反应而发展出来（与看到、尝到和感觉到水联系在一起的这种类型的物理刺激），虽然汤姆的概念事实上发展出来与相同的物质（H_2O）有关，但它却不同于地球人的概念。他们两者用同样的这个语词来表达他们所意指的东西，但是它们意指的东西却不同。至少他们的概念具有不同的外延。没有办法通过看"他们的头脑里面"——通过检查他们的内在状态的物理属性来发现这种不同。因为这些不同的外延（因为是不同的概念）是他们在学习期间接触到的不同种类的信息所造成的，而且这个不同不是他们头脑中的东西的不同，而在信息上是与支配他们的学习环境有关的规律性的东西的不同。

德雷斯基认为孪生地球思想实验告诉我们，一个人不可能通过接触到仅仅

[①] Dretske F. Dretske's replies//Mclaughlin P. Dretske and His Critics. Cambridge: Basil Blackwell, 1991: 204.

携带着诸事物是 F 这一信息的诸信号，就获得 F 这一概念。或者说，一个人通过对携带某种类型信息的信号形成一种有选择的反应来使他获得的原始概念具有同一性（意义），而且原始概念的同一性（意义）是由这种类型的信息所决定的。汤姆用"水"这一语词来表达的概念，并不适用于我们用"水"来意指的东西，如 H_2O；汤姆能够在地球上运用这个概念，只能说明他具有的这个概念与地球人具有的这个概念碰巧是共外延的。

第三节　孪生地球思想实验的继续与问题的深化

信息语义学对孪生地球思想实验的重新解读将有关意义的研究引向了深入。在此之后，围绕着意义问题展开的有关孪生地球思想实验的讨论，不再直接追问意义是什么，意义是内在的还是外在的等认识论问题，而是通过将重心放到了意义对行为的影响和作用等带有本体论性质的心理因果性问题上来，并由此来对前一问题作出回答。这可以看作是内在主义和外在主义之间的争论达到了一个新的高度。与此相应，孪生地球实验也得到了进一步的构造和发展，从原来单纯的关于"水"的说明，发展到了对"取水"，甚至"喝水"的说明。这种情况的出现主要有两个原因。首先，随着研究的深入人们发现，一个系统具有了一个内在的语义结构还不能说它具有了认知结构或者信念内容。因为信念还有另外一个维度———一个不同于但却又相关于它们的意向结构的维度。阿姆斯特朗（D. A. Armstrong）曾把信念看作是我们据以行进的、一种类型的（内部）地图[①]。这个隐喻正确地揭示出一般被认为是一个系统的信念必备的两种属性：一是具有某种表征能力（一幅地图），二是能够控制这个系统的输出（我们据以行进）。所以，要完满地说明为什么我们有不同的信念，仅仅说明语义结构是不够的，还必须说明这个语义结构行为的影响。其次，随着认知科学、计算机科学、人工智能和心灵哲学的发展，人们研究意义问题的侧重点和方法有所改变。语言分析已经不再被当作是研究意义的主要方法，取而代之的是自然主义主导下的还原和非还原的各种方法。

福多是心理内容内在论的强烈拥护者，他与德雷斯基的分歧主要是在宽内容上，即宽内容的不同是否会在因果上造成不同。为了说明这一点，福多对孪

---

① Armstrong D M. Belief, Truth and Knowledge. Cambridge: Cambridge University Press, 1973: Part1.

生地球实验进行了一次改进。福多假定,汤姆在地球上说"取水来",而孪生汤姆在孪生地球上说"取水来"。因为汤姆的言说的因果力和孪生汤姆的言说的因果力是完全相同的。而且内容的不同只有在内容的物理例示中才能够被表现出来,但在事例中是明显没有这种不同的,所以宽内容不具有因果力,要建立关于内容的心理学只能诉诸窄内容。

此外,福多还认为,评价内容的因果力必须要穿越语境,而不能局限在语境之中。所以仅仅只看汤姆和孪生汤姆的言说在他们各自所在的星球上引起了什么,这是不行的。因为孪生汤姆在地球上的言说"取水来"会造成 H_2O 的出现,而汤姆在孪生地球上的相同言说也会造成 XYZ 的出现。由此福多认为:虽然宽内容不同,但因为在穿越语境中,它们的因果力是相同的,所以宽内容上的不同并不会造成因果的(或者解释的)不同。宽内容上的这种不同是不产生任何影响的一种不同,可以取消掉。

针对福多的这些观点,亚当斯站在信息语义学的立场上对之展开了批评。亚当斯认为,福多的上述分析主要错在两个方面。第一,宽内容的不同可以在因果上解释为什么内容不同的例示的因果力在穿越语境中是相同的。当孪生汤姆来到地球上言说"取水来"时, H_2O 出现了,我们在解释这一事实时,不能够放弃这一言说的物理属性。因为这一言说的物理属性意指 H_2O,这是历史上已经形成的。第二,当两个状态相对于相同的语境时(而非在穿越语境时),我们只能预期内容的不同导致因果力的不同。因此福多的上述分析并不能表明,宽内容不是 H_2O(在地球上)出现的因果解释。因为此时孪生汤姆是处在这样一个语境当中,言说"取水来"一般意指取 H_2O 来。正是关于"取水来"在地球上的宽内容(意义)的这一事实,在部分上解释了 H_2O 的出现。这是因为在地球上"取水来"一般意指 H_2O 来。如果一个人着眼于"取水来导致 XYZ 出现"这种关系来解释为什么 H_2O 出现,那么宽内容在因果上是不发挥作用的。但这个着眼点是错误的。必须着眼于"取水来导致 H_2O 出现"这一意义关系,我们才能够明白宽内容在因果上解释了为什么孪生汤姆的"取水来"引起 H_2O 出现。而信息语义学就建立在这样的前提上:如果一个人仅仅只看一个有机体的头脑内部,那么他就不可能发现内容的因果有效性。所以,只有在一个世界上,"取水来"一般意指取 H_2O 来时,孪生汤姆的"取水来"才会造成 H_2O 出现。

个体主义者为自己的观点辩护的另一种方法是认为:"取水来"意指取清澈的、无色无味的液体来。"取水来"的这个内容就是它的窄内容。而这个窄内容再加上环境语境就决定了所指。所以"取水来"再加上地球上只有清澈的、无色无味的东西是 H_2O，这就在因果上解释了为什么 H_2O 会出现。但亚当斯认为，这并不表明，宽内容不出现在对 H_2O 出现的因果解释当中。在这里，内容的宽与窄只是度上的不同，而不是种类上的不同。实际上，仍然是在地球上"取水来"意指取清澈的、无色无味的液体来这一事实引起了清澈的、无色无味的液体出现。

除了正面批评福多的内在主义，捍卫德雷斯基的信息语义学之外，亚当斯还对福多和德雷斯基的争论作出了总结，对两者的观点在逻辑路径上进行了对比。在福多看来，相同的大脑会导致相同的因果力，进而导致相同的身体运动和相同的行为。如果两个心理状态具有不同的（宽）内容，但这却并不反映为他们大脑的不同，那么内容上的这个不同在因果上就一定是没有作用的。这种不同就不是因果上的不同。而在德雷斯基看来，福多的这个解释链条错就错在他认为相同的身体运动就会导致相同的行为。德雷斯基认为，行为是主体（S）内在状态（C）引起的身体运动（M）。这种引起关系超越了主体的身体运动而延伸到环境当中。两个性质相同的身体运动可能产生不同的环境影响，并由此构成不同的行为。也就是说，具有不同内容的心理状态，即便引起了相同的身体运动（由于是被性质相同的大脑引起的），也可以引起不同的行为。所以汤姆的大脑（在地球上时）引起他喝 H_2O，而孪生汤姆的大脑（在孪生地球上时）引起他喝 XYZ。这样，不同的内容，同样的大脑，同样的身体运动，却有不同的行为。一个是喝 H_2O，一个是喝 XYZ。此外，这些不同的行为是由具有不同（宽）内容的原因（即信念和欲望）构成的。

福多对此提出反对意见。在他看来，如果这是真的的话，那么它就证明了，性质相同的大脑能够引起不同的行为。如果汤姆的大脑引起喝 H_2O，而孪生汤姆的大脑引起喝 XYZ，而且这些是真正不同类型的行为，那么汤姆和孪生汤姆的大脑就具有不同的因果力。因此他们的大脑引起的行为就不可能是不同的。所以福多的结论是：喝 H_2O 和喝 XYZ 是相同的行为，而且由于汤姆和孪生汤姆大脑性质上的完全相同，所以他们的因果解释也是完全相同的。

对此，德雷斯基否认喝 H_2O 和喝 XYZ 是相同的行为，而且否认大脑引起行为。因为大脑所做的工作是行为的一个构成部分，而非其原因。大脑引起身体运动。但是，大脑引起身体运动，这本身就是行为，而不是行为的原因。即便汤姆和孪生汤姆的身体运动是相同的（当他们在各自的星球上时），这也不能证明他们的行为是相同的。他们大脑的相同解释了他们身体运动的形同，但并没有说明他们的行为是否相同。行为对环境有影响。汤姆抬起他的手臂可能对他喝 H_2O 在因果上产生帮助。如果是这样的话，那么他的大脑引起与喝 H_2O 有关的身体运动，就变成了他的行为的一个环境延伸。但是，他的大脑事件仍然只是这些环境延伸的组成部分，而非其原因。而且，要解释他喝 H_2O 的行为，我们要看他的大脑事件之外的东西。引起行为的是他的信念和欲望的内容（他的理由）。他喝 H_2O 是因为：他想要水（而非别的），而且相信杯子里的东西是水（而非别的）。因此，在解释汤姆和孪生汤姆的行为中的不同时，内容是一个在因果上相关的因素。

按照福多的说法，如果喝 H_2O 和喝 XYZ 是不同的行为，那么在解释行为的这些不同的因果机制中就一定有一种不同。但是汤姆和孪生汤姆的大脑是相同的，所以因果机制中没有不同。因此行为没有真正的不同。问题在于，对机制而言，福多仍然着眼于错误之处。机制不在头脑之中，而在头脑、环境、学习史的联合当中。如果汤姆和孪生汤姆的行为不同，那么对他们各自行为的这种不同的解释就要参考以上这三个因素，而不能只看一个因素（什么在头脑当中）。所以，并不是没有机制，而是机制不在福多着眼之处。

把孪生汤姆带到地球上，他会表现出和汤姆相同的行为，即他们都会呈现出喝 H_2O 的行为。但是，他们这样做是因为不同的学习史和不同的信念内容。在他们相同的身体运动后面是不同的因果链条。汤姆的这个因果链中包括了对 H_2O 的学习史，而孪生汤姆的则包括了对 XYZ 的学习史。如果孪生汤姆没有过在孪生地球上对 XYZ 的学习史，那么孪生汤姆就不会在大脑上等同于汤姆，而且孪生汤姆就不可能像汤姆一样在地球上行为。

第四节　心理内容：从宽窄到粗细

内在主义和外在主义主要围绕孪生地球思想实验展开的论战对心理内容研究产生了很多积极的促进作用。比如，内在主义和外在主义及窄内容和宽内容逐渐出现融合的趋势。在宽内容和窄内容的问题上，有一种观点就认为，两种内容的对立是虚假的对立，相应地，外在主义和内在主义的争论也不存在原则上的分歧，至少有可调和的可能。例如，威尔逊（R. Wilison）认为，窄内容是宽内容中共同的东西。即使是在普特南所说的孪生地球案例中，地球人和孪生地球人的确有关于"水"的不同宽内容（因为一个指 H_2O，一个指 XYZ），但两个宽内容中又肯定有相同的东西，如水是液体，形态相同，作用也有同一性，都可止渴等，这就是窄内容。他说："它至少是这样一种类型的内容，即有相同物理构成的两个孪生人一定共有的东西，不管他们的环境多么不同。"[1] 再者，这场争论对意义和内容的研究提供了一些方法上的借鉴。普特南在标志着当代外在主义宣言书的《"意义"的意义》一文中就指出，"语言分析最大的弱点，就是它不关心语词的意义"[2]，因此虽然句法得到了"前所未有的强有力的描述"，但"语言的另一个维度"即语义却仍然处于黑暗当中。所以，普特南主张要"完全针对语词的意义而不是语句的意义"[3]。他的这一主张在后来特别是信息语义学对语义和内容的研究中得到了贯彻。信息语义学重视对原始概念生成的研究，并以此作为其意义研究的起点，与普特南的观点是一脉相承的。而且研究意义和内容的宽窄等问题，不能仅仅只关注自然语言的意义本身，而应当不断引入新的材料，运用新的知识。信息语义学就是通过把自然科学中的一个概念引入到哲学中来，挖掘其哲学内涵，并以此为基础来研究意义和内容问题，从而为意义的研究提供了新的思路。

除了上述影响之外，粗内容和细内容伴随着宽内容和窄内容的研究逐步被信息语义学家发掘出来。一些哲学家认为，以往由宽内容和窄内容的划分所带来的许多问题长期得不到解决，其根本原因可能就在于这种划分本身就是一种错误的划分。信息语义学为这种错误提供了一次改正的机会，因为按照这种新的划分，我们只需要说明信息如何转化为语义，而无需考虑其他问题。那么，什么是粗内容和细内容呢？粗内容和细内容都是以信息为基础对心理内容进行自然化才会遇到的概念，其他的一些内容的因果理论不会出现这样的概念。因为区别出粗内容和细内容的一个前提就是要区别出信息内容。简单来讲，粗（coarse-grained）内容和细（fine-grained）内容所描述的特性分别可以通过信息内容和信念内容体现出来。在信息语义学中，信念内容和信息内容是不同的，其不同主要表现在以下三个方面。

第一，与信息内容相比，信念内容被分化得更细致。语义内容特别是信念内容只是信息内容中的一个部分。笔者在前面已经提到，信息内容不是唯一的，而信念内容则相反。能够从粗糙的信息内容中去粗取精析取出具有唯一性的、精确的信念内容是人和简单的信息加工机器（如电脑）之间的一个区别。所以，要完成信息内容到信念内容的转化，信息语义学就必须说明心灵如何才能从信

---

[1] Wilson R. Boundaries of the Mind. Cambridge: Cambridge University Press, 2004: 90-91.
[2][3] 普特南. "意义"的意义. 李绍猛译 // 陈波, 韩林合. 逻辑与语言. 北京: 东方出版社, 2005: 450.

息所包含的众多的内容中析取出一个单一的信念内容来。这是信息语义学面临的一个难题，称为析取问题。

第二，信念内容是可错的，而信息内容必为真。人的信念是可以为假的，因此会产生假的信念内容，但是信息内容因为有信息关系的保障则必为真。因此，信息语义学要以信息关系来说明意向关系，以信息内容来说明意向内容和信念内容的话，就必须解决错误问题。错误问题是信息语义学面临的另一个难题。

第三，并非所有承载信息的状态都是信念。比如，一个人表皮中的细胞可以携带关于空气温度的信息，但这个人可能并没有关于空气温度的信念。信念内容不但要体现表征关系，即能够通过心灵表征世界而获得其内容，而且还要在行为中扮演原因的角色。

对于上述的这种关于心理内容的新的分类方式，笔者认为它与心灵哲学中宽内容和窄内容的划分之间是一种并列关系，而非对后者的取代和消解。从表面上看，这两种划分都存在自己特有的特征和问题，但如果进行仔细的分析，我们可以看出，它们面临的问题在本质上是一致的，都是由心理内容的自然化所引起的问题。对内在主义者而言，心理内容是纯粹的内在事件，只通过内容持有者的内部状态就可以得到说明。心理内容所对应的对象可以呈现在内容的持有者面前，也可以不呈现在其面前，可以在世界上存在，也可以不在世界上实际存在。那些不出现在内容持有者面前或者不是实际存在的对象，肯定不会构成心理内容所依赖的外在关系。即便内容是由真实的对象引起的，它也完全是由大脑自身决定的。窄内容不依赖外在的环境和对象，却仍然是处于自然之内的。正如西格尔（Swgal）指出："内容是一种自然现象。"[1] 内在主义和外在主义争论的焦点在于内容是否依赖于个体所处的外在环境。外在主义认为，有内容的心理状态就是意向心理状态，如信念和欲望。而个体要想具有某种类型的意向心理状态就必须与环境发生一定的关系。而内在主义者认为，只需要依赖于个体的内在心理属性就可以具有这些意向内容。外在主义者通过孪生地球思想实验的分析确实指出了内在主义和窄内容的局限性，它使得当今哲学中的大多数哲学家都赞成外在主义，甚至很多人干脆否认窄内容的存在。但是，如果完全否认窄内容，外在主义也会面临很多麻烦。比如，迈克尔·麦肯锡（Maichael Mckinsey）就指出，如果外在主义是正确的，那么我们就不可能仅仅通过反省知道自己的思维内容，因为我们不可能通过反应来知道环境的状态[2]。

---

[1] Swgal G M A. A Slim Book about Narrow Content. Cambridge: The MIT Press, 2000: 19.

[2] Chalmers D J. Philosophy of Mind. New York, Oxford: Oxford University Press, 2002: 477.

外在主义的另一个麻烦在于宽内容在心理因果性中的合法性问题。当今哲学中包括德雷斯基在内的大多数哲学家都赞同戴维森的下述观点，即信念和欲望等心理内容在行为的因果解释中发挥有重要作用。但是，行为的因果解释似乎仅仅应当诉诸个体身体的局部（local）属性，即个体身体内部当下正在发生的那些属性。既然外在主义认为心理内容是由环境决定的，即个体身体之外的、并非当下的那些因素决定的，那么这就与行为的因果解释所要求的内容产生了矛盾。通过分析不难发现，这个矛盾在根本上是由内在主义和外在主义对心理内容本质属性的不同规定造成的。在本章第一节中笔者已经提到，外在主义认为心理内容是一种关系属性，而内在主义认为心理内容是一种非关系属性。所以，外在主义要让宽内容进入行为的因果解释，也就是要让关系属性参与到行为的因果解释当中。

信息语义学通过自然信息与心理表征之间的关系来说明心理内容，无疑带有强烈的外在主义倾向，因此外在主义面临的这些问题也正是信息语义学家要回答的问题。实质上，信息语义学对粗内容和细内容的划分在一定程度上与宽内容和窄内容是相对照的。按照外在主义的观点，信息内容在一定程度上是对应于宽内容的，因为信息内容是由个体的环境（信息）决定的。而按照内在主义的观点来看，细内容就属于窄内容，因为它是仅仅依靠人的心理机制就可以实现的，即心理通过某种机制从自身已有的内容中获得的内容。当然，对心理内容的这两种分类之间也存在很大差异。最主要的差异在于，粗内容和细内容之间并不像宽内容和窄内容之间那样对立和排斥，而是存在着一致性和连续性。粗内容和细内容的理论起点都是信息，而信息则是一种天然的关系属性，即信息一定是关于什么的信息。细内容是从粗内容中获得的，粗内容作为信息内容是由外部环境决定的，所以即便把细内容看作窄内容（如信念内容），关系属性也可以参与到对行为的因果解释当中。此外，对内容的这两种划分之间的对应只是"在一定程度上的"，之所以这样强调是因为它们之间并不存在严格的从属关系。比如，尽管粗内容在某些方面类似于宽内容，但它们之间的差异是显著的。前面已经提到，粗内容作为信息内容是不可错的，但宽内容并没有这样的特性。宽内容和窄内容及它们面临的问题并没有随着粗内容和细内容的提出而消解，而只是在信息语义学的语境中以新的形式呈现出来，并开始获得一种以信息为主导的解答。

第二章

心理内容的自然化历程

在第一章中，我们介绍了当前西方心灵哲学界对心理内容的几种主要分类，那么我们的心灵当中是否真的有这些内容呢？换言之，这些类型的心理内容是否真的存在呢？这是本章所要回答的问题。在20世纪最后几十年间，当代西方心灵哲学中发生了一场声势浩大的自然化运动，它力图对心理内容作出自然主义的说明：什么是心理内容的自然化？这场自然化运动是因何而起的？它与自然主义之间有何关系？信息在心理内容的自然化中扮演什么角色呢？在本章中，笔者将对上述问题作出初步说明。本章第一节简单介绍自然主义及它的本体论承诺，在这一节中会对自然主义进行描述、分类和澄清，以说明为什么自然主义在特定意义上可以被等同于唯物主义。第二节介绍西方哲学史上对心理内容进行自然化的主要历程，通过对这一历程的考察说明自然主义和唯物主义在哲学史上是如何在反对唯心主义和二元论的斗争中不断发展的。第三节说明信息何以会成为心理内容自然化的候选项。

第一节 自然主义的本体论承诺

"本体论承诺"最早是由蒯因于1953年在《论何物存在》中提出的。本体论承诺是关于一个理论中预设有何种东西存在的问题。它与通常所说的本体论问题的差别在于，后者是关于"本体论的事实"问题。蒯因认为，任何一种理论，无论它自身是否意识到，都包含有承认或者否认某种本体论的前提。"一个人的本体论对于他据以解释一切经验乃至最平常经验的概念结构来说，是基本的。"① 自然主义本体论承诺探讨的是哪些东西能够进入自然主义的本体论框架。比如，对本书而言，笔者要把信息作为自然主义的一个解释项来解释心理内容，那么就必须考察自然主义是否具有关于信息的本体论承诺，换言之，信息能否进入自然主义的本体论框架？如果能的话，它与自然主义承认的其他存在形式是何关系？我们应该如何辨别自然主义假设了哪些东西存在呢？按照蒯因的观点，要确定一个理论（即蒯因所说的意义语言框架）预设何种东西存在，首先要找到在该理论中被接受为真的语句，然后将之改写成标准的量化语言，也就是一阶逻辑的语言。这种语言就是现代逻辑中的约束变项，通过这种语言手段的使用，我们就"无所逃于对某物存在的本体论承诺"。蒯因认为，"通过约束变项的使用"是"我们能够使自己卷入本体论承诺的唯一途径"。当然，蒯因的这个标准不是为了确定有何物存在，而只是为了说明一种理论承诺有何物存在。在本节中，我们先来研究自然主义，因为要了解自然主义的本体论承诺，首先离不开对自然主义本身的考察。

一、自然主义

自然主义的起源可以追溯到古希腊的自然哲学。米利都学派的泰利士（Thales）有"科学之父"之称，他是第一个不借助超自然原因来解释自然事件的哲学家。有人认为："现代科学是认识论的经验主义传统的产物（这种认识论始于恩培多克勒），它通过确切的观察来证明它的认识观的正确性。"② 所以，古希腊自然哲学家们所倡导的这种经验主义的研究原则是符合自然主义精神的（当然，这只说明自然主义与经验主义关系紧密，并不说明两者总是一致的）。自然主义有许多不同的划分方法，一种常见的分类是把自然主义分为形而上学的自然主义和方法论的自然主义。形而上学的自然主义又称为本体论的自然主义或者哲学自然主义，它是一种哲学世界观，主张世界上除了自然科学研究的各种自然要素、原则和关系之外什么都没有。因此，在形而上学的自然主义看来，与意识或者心灵相关的所有属性都可还原为自然或者随附于自然。"自然实体的特殊性在于它们本身不是认识评价的术语。因此，一直有人认为用自然实体的习惯用语来分析认识术语将会产生对认识术语本质的令人满意的解释。本体论的自然主义认为信念有其认识地位，是因为它们拥有可以指明的非认识的

---

① W. V. O. 蒯因. 从逻辑的观点看. 陈奇伟，江天骥，张家龙等译. 北京：中国人民大学出版社，2007：3.
② 托马斯·黎黑. 心理学史. 李维译. 杭州：浙江教育出版社，1998：85.

第二章 心理内容的自然化历程

属性。这些属性就是自然事实，并且应当包含在我们对宇宙的最好理解之中。"[1]方法论的自然主义，则仅仅涉及科学的方法论，而不关注何物存在这样的本体论问题。方法论的自然主义仅仅是提供了一个研究框架，对自然规律的科学研究要在这个框架内进行。当然，具体的方法论的自然主义观点必然有其自身的本体论承诺。本书所说的自然主义指的是当代的自然主义，特别是于20世纪后半叶盛行起来的自然主义。当代自然主义的复苏和盛行首先得益于自然科学在解释世界时所获得的巨大成功。相对于前科学时代的一切自然哲学和形而上学体系，自然科学的概念、方法和规律对世界的解释更能令人信服。以物理学为主要代表的自然科学的昌盛，使自然主义焕发出前所未有的生机。所以到了20世纪的最后几十年，几乎没有哲学家乐意说自己是一个非自然主义者[2]。因此当代自然主义成为20世纪英美哲学界最主要的思想倾向之一。维特根斯坦在《逻辑哲学论》中就表达了鲜明的自然主义倾向：能说的东西就是能用自然科学命题所说的东西。此后的分析哲学家无不受此倾向影响。从维特根斯坦、石里克到奎因再到普特南和福多，分析哲学的演进同时体现出自然主义的发展脉络。

为了便于说明，笔者首先对多数人眼中的自然主义，或者当今比较主要的自然主义者们倡导的自然主义作出一个一般性的描述。但是要注意，这个描述并不能强加给所有的自然主义。一般而言，自然主义者认为哲学研究和科学研究在目的和方法上是一致的，差别只在于两者关注的对象不同。自然科学关注具体问题，而哲学则关注一般性问题。世界是统一的实在，因而可以构建统一的理论来加以说明，这就是自然主义的总则。自然主义的研究纲领和操作方法称为自然化（naturalizing），就是要运用分析、还原等方法，通过自然科学的概念、术语、原则，对传统哲学所关注的意义、价值、认识、真理等一般性问题作出自然主义的说明。通过自然化就可以使要说明的对象具有科学上的合理性、合法性，进而证明它在自然界中具有存在地位。自然化的方案众多，自然科学领域内的一切学科都可以充当解释项。所以整个自然科学既是一种本体论标准，又是一个"终极解释装置"。自然主义在根本上受到科学主义的影响，这表现在所有的自然主义都无一例外地排斥那些不能够为科学方法证明的实在。换言之，在自然主义看来，科学是存在的尺度。不能被科学验证的东西是值得怀疑的，其或者是没有研究的价值，或者在认识地位上次于科学。按照弗拉纳根对自然主义发展历史和不同用法的梳理，"自然主义"一词最初在哲学上的使用可追溯至17世纪，后经休谟等的使用而流行。自然主义的最初含义是指一种世

---

[1] 约翰·波洛克，乔·克拉兹. 当代认识论. 陈真译. 上海：复旦大学出版社，2008：202.
[2] Stalnaker R C. Inquiry. Cambridge：The MIT Press，1984：121.

界观，按照这种世界观，自然法则和自然力量是唯一能够起到支配作用的东西。"自然主义"一词随后的各种用法和意义都是以这种初始意义为基础的。所以弗拉纳根赞同休谟"向超自然说不！"这一自然主义的宣言，把反对超自然主义看作是"自然主义"唯一的、决定性的意义，认为"反超自然主义"就是过去四个世纪中"自然主义"共有的原则和核心。换言之，在解释世界时，自然主义的一个必要条件是承诺超自然主义的不必要性。为了进一步说明自然主义，弗拉纳根对超自然主义的特征进行了概括。他认为，超自然主义的特点主要表现在三个方面：①自然世界之外存在有一个超自然的"存在"和"力量"；②这个超自然的"存在"和"力量"与自然世界具有因果关系；③任何已知的和可信的认识方法都不可能发现或者推断出这个超自然"存在"及其因果关系的证据。所以，凡是具备上述这个三个特征的都是超自然主义，也就是自然主义要反对和拒斥的对象。本体论的自然主义是一种强自然主义，它要求我们在判断"有什么东西存在"时，把超自然的实在排除在外。方法论的自然主义是一种弱的自然主义，它要求我们在解释世界时摒弃超自然的素材，但同时它对于人们相信什么东西存在并不做要求。弗拉纳根认为，方法论的自然主义是自然主义的最低限度，对宗教和东方传统文化的研究应当坚持方法论的自然主义的原则，但对于本体论的自然主义则不必要求。因为，一方面，我们实际上并没有任何知识能够使我们断言世界上有什么，没有什么，本体论的自然主义和超自然主义同样是本体论上的帝国主义；另一方面，即便是不坚持本体论的自然主义，仍然可以在方法论上坚持自然主义。

虽然我们可以对自然主义作出以上带有一般性的描述，就好像自然主义是一群在某一方面具有共识的人一起创立的一个学说那样，但是事实上自然主义内部却非铁板一块。事实上，对于究竟什么是自然主义，自然主义需要什么样的本体论，自然主义者们从来就没有达成过共识。有些哲学家（如阿姆斯特朗），把自然主义看作是一种形而上学观点[1]。蒯因等则主要把它看作是一种认识论或者方法论观点。有些人则认为自然主义根本就不是一种统一的立场，而只是一个松散的包含自然主义倾向的本体论、认识论、方法论观点的大杂烩[2]。另一种具有代表性的观点就是把自然主义等同于物理主义。最后这种观点代表自然主义对自身的最严格要求，因为它承诺的最严格的自然科学仅仅是物理学。而且，当今大多数哲学家都把物理主义视作自然主义的最好形式。在进行具体

---

[1] Armstrong D M. Naturalism, materialism and first philosophy // Moser P, Trout J D. Contemporary Materialism. London: Routledge, 1995: 35-47.

[2] Katz J. Realistic Rationalism. Cambridge: Cambridge University Press, 1998.

的分析之前，笔者不偏向于上述任何一种关于自然主义的看法，而仅仅依据它们对方法论和本体论问题的态度对之做一个分类[①]。

二、强自然主义和弱自然主义

自然主义在方法论上集中表现出的问题是：有没有诸如第一哲学之类的东西？在本体论上，它表现出的问题是：世界能否被自然化？不同类型的自然主义在对第一个问题的回答上并无差别。几乎所有的自然主义都否认所谓的第一哲学，因为既然自然科学和哲学的研究方法具有一致性，那么当然就不可能存在先在于或者独立于感觉经验和经验科学的第一哲学。第二个问题是自然主义关注的焦点和难点，而且对待该问题的态度可将自然主义划分为强自然主义和弱自然主义[②]。在自然化问题中最大的难点就是心理现象，特别是意向性问题。"任何想要把人类和心理现象当作自然序列的一部分的人都必须用自然主义的术语来解释意向关系（intentional relations）。"[③] 所以，当代自然主义者从事的工作基本上都是围绕着对心理现象，尤其是意向性的自然化展开的。虽然所有的自然主义都认为世界可以被自然化，但是它们这种自然化如何进行，自然化的落脚点和归宿在哪里却存在分歧？换言之，进行自然化所能够诉诸的"已知的""能够作为基础的"理论是什么？是仅有物理学还是能够把包括物理学、生物学、化学在内的众多学科都涵盖进来。

强的自然主义认为，自然主义就是物理主义的代名词。它对自然世界持一种严格的物理主义的观点，比如，帕皮诺就是这种观点的典型代表。这里说的物理主义与逻辑经验主义所说的物理主义既有联系又有区别。在纽拉特和卡尔纳普以记录学说为根据提出的物理主义那里："所谓物理主义，简言之，就是以物理学为基础，应用行为主义的心理学方法，从物理的物的语言方面，将心理现象还原为物理现象，将心理学命题译为物理学命题，从而把'心理的'与'物理的''身体的'与'心灵的'统一起来，进而把一切经验科学还原为物理

[①] 在这里之所以不说认识论问题，是因为本书考察自然主义的目的就是为了解决某些认识论方面的问题，对本体论和方法论问题的考察是为说明认识论问题服务的。

[②] 对自然主义还有其他的划分。比如，有的哲学家将自然主义分为全面的自然主义和局部的自然主义。全面的自然主义认为由科学所研究的自然元目的时空性宇宙就是全部存在，它拒斥所有类型的抽象对象。局部的自然主义认为时空性宇宙仅仅是由自然科学研究的元目构成的，但同时承认抽象对象的存在。两者间的不同主要体现在对于时空性宇宙的认识上，前者认为宇宙就是世界，后者则认为世界除了宇宙之外，还包括抽象对象。局部自然主义和弱自然主义具有类似性，因此，我更倾向于局部自然主义。

[③] 对自然主义缺乏热情的往往是那些关注宗教的哲学家。

科学。"① 我们这里所说的作为强自然主义的物理主义只是一个本体论原则，而根本不牵涉任何方法论承诺。强自然主义暗示着物理学对其他学科的支配。它主张，一切东西在构成上都是物理的，但并不是一切东西都需要用物理学的方法去研究。正是这种对本体论而非方法论的强调，把它和逻辑经验主义中盛行的"科学统一"原则区别开来。因为，逻辑经验主义所讲的物理主义似乎并不太在意是否一切东西都由物理材料构成这个问题。强自然主义，如帕皮诺的物理主义并没有直接的方法论承诺。"你能够成为一个关于生物学的物理主义者，然而却又否认生物学涉及规律。"② 阿姆斯特朗也赞成强自然主义，而且他对物理主义的本体论进行了总结。在他看来，自然主义本体论中的所有实在都必须具备以下三个条件：①它们是空间定位的；②关于这些实在的知识能够被定位在物理过程和因果过程当中；③它们有能力进入因果关系中，其存在能够被给予一个自然科学的因果解释。他认为，自然主义只不过是由一个单独的、无所不包的时空体系所构成的实在的原则，而这个单独的无所不包的时空体系包含的只不过是物理学所承认的实在。不可还原的目的和目的论作为一个解释原则在这样一个时空体系中是没有容身之地的。阿姆斯特朗说："我认为，如果（在对这个单一的、无所不包的、作为实在的时空体系进行分析时）所涉及的这些原则完全不同于当前物理学的原则，特别是如果它们诉诸诸如目的这样的心理实在，那么我们就将这种分析视作对自然主义的窜改。"③ 当代一些在本体论研究中具有重大贡献的哲学家（如蒯因）也在一定程度上赞同物理主义。蒯因认为，当代的物理学可以为我们提供一个最好的、有关于这个世界的本体论看法。所以，强自然主义代表着一种在本体论上的保守主义和缩紧原则，以及在方法论上的自由主义和放任政策。正如帕皮诺所说，这些老练的原则为不同学科以不同方法进行研究留下了足够的空间。所以，强自然主义对第一个问题不做回应，因为它根本不涉及方法论的问题，对第二个问题，它持肯定态度，即认为世界上的东西不但能够自然化，而且能够还原成物理对象。

自然主义被等同于唯物主义还有更古老的本体论上的理由。因为，从传统的范畴化分的角度看，物理对象包括事件、实体、时间、空间等都属于具体事物或者殊相的范畴，与之相对应的是抽象对象（包括命题、数目、集合、性

---

① 洪谦. 论逻辑经验主义. 北京：商务印书馆，2005：103.

② Papineau D. The rise of physicalism//Gillett C, Loewer B. Physicalism and Its Discontents. Cambridge：Cambridge University Press，2001：3.

③ Armstrong D M. Naturalism, materialism and first philosophy//Moser P, Trout J D. Contemporary Materialism. London：Routledge，1995：35-47.

质、关系等）及共相（包括性质和关系）。很多哲学家如蒯因就认为，物理对象是典型的具体对象，所以成为一个物理主义者就意味着成为一个唯名论者。霍华德·罗宾逊（Howard Robinson）认为："唯物主义理论与共相的实在论不一致。唯名论和唯物主义具有一种古老的联系。"[1] 威尔弗里德·塞拉斯（Wilfrid Sellars）则宣称："一个自然主义的本体论必定是一个唯名论的本体论。"[2] 人们通常在直观上也认为，物理对象的存在比类、属性、关系、数等的存在更容易接受。但是，也并非所有的哲学家都赞同自然主义和唯名论之间的联系。例如，麦金（C. McGinn）就认为，只要自然主义者根据物理属性的例示（被认为是直截的物理事实）说明了所有属性的例示，他就能够把属性本身看作是非物理的、抽限度的实体[3]。而且，20 世纪 50～60 年代的物理主义热潮之后很多哲学家开始反思物理主义对于自然主义的自然化纲领来说是否太强了，因此，一种相对弱化的自然主义开始抬头。强自然主义必然要求一种在本体上的彻底的还原，即把所有现象都还原为物理现象。但是，这种还原与当代自然科学的发展是矛盾的，比如，突显进化论的发展就对这种还原的物理主义构成了极大威胁。而且，按照强自然主义的观点，如按照帕皮诺和阿姆斯特朗的观点，如果一个自然主义者坚持对事物的彻底还原的解释，那么他就必须把一切心理学范畴和目的论排除在外。因此，弱自然主义认为，这种彻底还原的诉求是愚不可及的。这就像是你试图把你身上的某一块脂肪（或者血糖、蛋白质）还原成被原先你吃下的、经过消化之前的一块猪肉。但是，物理主义者似乎一直没有，而且也永远不可能在他们身上找到这样一块猪肉的对应物。物理主义为我们提供的本体论图景看起来是非常吸引人的，但是无论物理学取得多大的成功都改变不了的一个基本事实，即物理学研究的只是这个世界的一部分，而非这个世界的全部。因此，除非物理学本身能够证明一切现象都是物理现象，或者一切东西都是物理的，否则就连一般人的常识都会对物理主义构成极大的威胁，因为常识所承认的东西要远远多于物理学研究的东西[4]。此外，物理主义还面临一个问题就是它无法确定地说明到底什么是"物理的"。如果物理的东西就是能够作为物理对象的东西的话，那么物理主义就可以把物理对象界定为物理学研究的对象，但是问题在于物理学是不断发展的，它总是可能把新的对象纳入自己的研究领域。所以，物理主义必须说明它依据的物理学是什么样的物理学。

---

[1] Robinson H. Matter and Sense. Cambridge：Cambridge University Press，1982：50.
[2] Sellars W. Naturalism and Ontology. Atascadero：Ridgewivw Pub. Co.，1979：109.
[3] McGinn C. Mental Content，Oxford：Basil Blackwell，1989：13.
[4] 王文方. 形上学. 台北：三民书局，2008：20-22.

弱自然主义不把物理学作为自然化操作的唯一准则，而是把各种自然科学置于与物理学同等重要的地位。因此，弱自然主义比物理主义具有更多的本体论承诺，它承认各种突现实在，甚至抽象对象。约翰·塞尔（J. Searle）、大卫·查莫斯（D. Chalmers）、约翰·海尔都是弱自然主义的代表[①]。具体而言，弱自然主义反对物理主义所坚持的还原，无论是类型还原还是个例还原。当然，弱自然主义仍然是一种唯物主义理论，他把一切东西都看作是在物理上构成的，但是构成不能混淆为同一。物理学并不能充当关于何物存在的仲裁者。成功的自然科学告诉了我们世界是由什么构成的，但是物理学并不是唯一成功的学科。甚至物理学、化学和生物学合在一起也不等于自然科学的全部。所以，把这些科学作为判定何物存在的唯一决定因素本身就是不科学的。

第二节　心理内容的自然化进路

提到现当代西方哲学，一般人首先想到的是它与形形色色的唯心主义和二元论的千丝万缕的联系，或许对西方哲学的很多领域甚至对于其整体而言这样的评价并不为过，但在笔者看来，对当代西方的心灵哲学或至少是其中的内容理论而言，这样的想法是不切实际的。因为实际的情况是，从20世纪最后几十年开始当代西方心灵哲学就发起了一场声势浩大的自然化运动，这场运动的一个主要目标就是力图对心理内容作出自然主义的说明，最终将之纳入自然主义的本体论框架当中。不熟悉心灵哲学的人或许会疑问：为什么西方哲学会突然出现这样一场自然化运动？这场运动的起因是什么？在西方哲学史上是否能找到这场运动的线索和先兆？实际上，这场运动并非是西方哲学家心血来潮之后的即兴表演，从哲学史上看，它是自然主义连同唯物主义和经验主义对非自然主义、唯心主义和唯理论斗争的一个新阶段，是前者对后者斗争中取得的一个阶段性的优势。纵观整个西方哲学史，心理内容都是双方斗争的一个主战场。迄今为止，按照时间顺序这场斗争大致可以划分为四个阶段。第一个阶段在古希腊哲学时期，是斗争的起步阶段，在这一阶段对阵的双方——自然主义与非自然主义、唯物主义与唯心主义、经验论与唯理论都开始萌芽，并进行了初步交锋。第二阶段是中世纪经院哲学，这一时期哲学受到神学的压制，关于心理

---

① 约翰·塞尔. 心灵的再发现. 王巍译. 北京：中国人民大学出版社，2005：94-106.

内容的自然主义说明处于劣势。因为这一时期对心理内容的自然化说明乏善可陈，所以本书对此阶段不做重点说明。第三阶段主要是16~18世纪的欧洲哲学，这一时期双方的主要斗争形式体现为经验论和唯理论之争。在这一时期关于心理内容的自然主义说明得到了比较全面的发展，自然主义者们已经开始自觉地从自然主义的本体论框架中寻找心理内容的解释项。第四阶段是当代西方心灵哲学的自然化运动时期，其时间跨度包括从20世纪六七十年代至今。信息正是在这一时期被自然主义者们拿来作为心理内容的解释项，信息语义学由此产生。这一阶段自然主义取得了对唯心主义和二元论的显著的优势，但是自此宣告自然主义的胜利还为时尚早，因为自然主义对心理内容的自然化还面临许许多多的难题。本书将在随后几章结合信息语义学逐步介绍自然主义面临的一些难题。在本节中，我们首先来简单回顾一下西方哲学史上对心理内容研究的一些重要成果，以了解心理内容的自然化是如何把信息牵扯进来的。

哲学上，有关心理内容的研究由来已久，古希腊哲学中就已经产生了关于心理内容研究的萌芽。在巴门尼德著作残篇《论自然》中，我们可以看到关于心理内容的论述：被思维者与存在者被认为是同一的，"可以言说、可以思议者存在"，而意见"尽管不真，你还是要加以体验，因为必须通过彻底的全面钻研，才能对假象作出判断"[1]。这里被思维、可以言说、可以思议的东西（即真理和存在者）和"还是要加以体验"的东西（即不真和不存在的东西）都被看作是心理的内容。巴门尼德的哲学是一种存在哲学，在他看来，存在者是不变的，变化的是现象而非现实。作为心理内容的重要形式，真理对应的正是这种不变的存在。在当时与存在哲学相对立的一种哲学思想被称作蜕变哲学，它的代表人物是赫拉克利特。赫拉克利特否认巴门尼德的存在及与之相对应的真理，反而认为宇宙中唯一不变的就是变化本身，所以真理应当是变化着的真理。巴门尼德和赫拉克利特关于存在和蜕变的争论对后世的唯理论（rationalism）和经验论（empiricism）都造成了影响。因为他们的争论表明，现象和现实之间是存在明显差异的。它们两者之间的这种差异会导致与它们分别相对应的心理内容之间的差异，对这两种差异的认识是区分唯物主义与唯心主义、经验论与唯理论、自然主义与非自然主义的一个标志。比如，他们的争论表明，我们的心理内容并不是完全可靠的（意见），所以人们就不能完全相信它；反之，人们应该诉诸纯粹的逻辑，这就暗含着唯理论的研究方法。这种研究方法对柏拉图产生了深刻影响。因为他们的争论表明要避免与错误的经验相结合，所以又引发了与唯

---

[1] 北京大学哲学系外国哲学史教研室编译.西方哲学原著选读.上卷.北京：商务印书馆，2005：31.

理论相对立的经验论。

作为巴门尼德的仰慕者，柏拉图对心理内容进行了更详细的区分。他认为，知识、意见和无知这三种不同的心理内容分别对应各自不同的对象，"知识相应于存在，无知相应于不存在"，意见介于知识和无知之间，其对象存在于存在和不存在的中间地带，即感性事物或者个体事物[①]。在柏拉图看来，真正存在的东西是理念，所以知识是通过对理念的回忆而获得的。柏拉图还根据心理内容分别对应的对象对心理内容的等级进行了划分，"想象"对应于感性事物的"影子"（如水中月、镜中花），等级最低；"信念"对应于感性事物，等级略高，并与"想象"一起构成"意见"。知识也分为两个等级，低级的知识是"理智"，因为它尚未完全摆脱感性；而与理念本身相对应的"理性"则是高级知识。从柏拉图的上述划分中可以明显看出他对"感性事物"，乃至感觉经验的贬低。这与同样对心理内容作出划分的巴门尼德是截然不同的。在巴门尼德的分析中，真理优于意见，但是与真理相对应的存在者是"可以言说、可以思议"，即可以由人的感性力量触摸到的东西。但是在柏拉图这里，情况就完全不同了，"理念"是感性无法触及的，只能通过回忆来认识。此外，柏拉图对知识三要素的分析更是首次对信念这种典型的意向状态进行了分析，自此之后关于心理内容的研究与关于知识的研究被更紧密地联系到一起。柏拉图对巴门尼德存在哲学的改造使他的哲学带有了更鲜明的唯心主义和唯理论色彩，而且他的理念论，以及关于灵魂不朽的认识论回忆说是同自然主义的观点相违背的。

作为古希腊哲学的集大成者，亚里士多德与他的老师柏拉图不同，他更关注自然，他既是一位科学家又是一位具有经验主义倾向的自然观察者。亚里士多德认为，灵魂作为"潜在地拥有生命的一种自然的躯体形式"[②]把有生命的东西和无生命的东西区分开，而心灵则是灵魂的一个部分。亚里士多德通过蜡块说肯定了感觉作为认识的来源，"离开感觉，没有人能够理解任何东西，这实际上已提出了'凡是理智中的，没有不是现在感觉中的'这一经验主义原则"[③]。思维（心灵）作为一种被动接受作用，它与可思维的对象之间的关系就像感官与可感觉的东西一样，类似于蜡块接受图章的印迹，即保留其形式而排除其质料。心灵作为思维主体是与形式相对应的，这也决定了它要同身体相分离："灵魂中

---

① 北京大学哲学系外国哲学史教研室编译.西方哲学原著选读.上卷.北京：商务印书馆，2005：83-90.
② 亚里士多德.论灵魂//北京大学哲学系外国哲学史教研室.西方哲学原著选读.上卷.北京：商务印书馆，1987：47.
③ 陈修斋.欧洲哲学史上的经验主义和理性主义.北京：人民出版社，2007：37.

被称为心灵的那个部分（心灵就是灵魂用来进行思维和判断的东西），在尚未思维的时候，实际上是没有任何东西的……感觉机能是依赖于身体的，而心灵则是与身体分开的。"[1]亚里士多德关于灵魂（心灵）和躯体之间关系的论述不同于柏拉图，因为亚里士多德认为形式不可分，所以灵魂和躯体亦不可分，这就在一定程度上否认了柏拉图关于心身关系的二元论。亚里士多德对心灵本身也做了比较相信的论述。他认为，心灵是人类灵魂中的理性部分，是人类特有的，能够获得抽象的一般概念的知识。心灵可分为主动的心灵和被动的心灵，被动的心灵没有自性，只是一种潜在的可能性，其内容是它所体验到的物体的形式。主动的心灵是纯粹的思维，它作用于被动的心灵，将一般对概念的理性认识作为其内容。所以，被动的思维与内容相一致，而主动的思维则与抽象思维相一致。亚里士多德对心灵本身进而对心理内容的区分具有开拓性。它使关于心理内容的研究更加细化，因为他告诉人们，心理内容可能并不是单一的，不同类型的心灵可能具有不同的心理内容。从总体上看，亚里士多德关于心理内容的学说更多地带有自然主义色彩，其中也带有一些唯心主义的成分，比如，他认为主动的心灵是灵魂中的特例，它可以与躯体相分离，逃离死亡。

在近代哲学中，经验论和唯理论、唯物主义和唯心主义围绕心理内容展开的解释和争论空前激烈。以培根、霍布斯、洛克、休谟为代表的经验论，以及以笛卡儿、斯宾诺莎、莱布尼茨为代表的唯理论围绕认识的方法、起源、途径等问题展开了一系列的争论。从总体上看，前者更多地带有唯物主义、经验主义及自然主义的特性，后者代表的则是唯心主义和唯理论。按照经验的看法，心理内容是来源于感官经验的，那么与心理内容相对应的对象就应当是作用于感官的外部事物，但是这个外部事物是什么呢？培根称这个外部事物为自然，认为自然不同于物质，是把"自然分解为许多部分"而得到的东西[2]。培根的"自然"中带有一些形而上学的成分，因为包含着作为形而上学研究对象的"形式"。霍布斯剔除了培根"自然"中的形而上学成分，把"自然"变成了"物体"，而"物体是不依赖于我们思想的东西，与空间的某个部分相合或具有同样的广袤"[3]。因此，霍布斯否认笛卡儿的精神实体，认为精神实体是一个毫无意义的观念，是实际上存在的唯有物质。霍布斯对心理内容之对象的这一说明是与自然主义的精神相一致的，但是心灵何以能够表征自然进而产生内容呢？霍布

---

[1] 北京大学哲学系外国哲学史教研室编译.西方哲学原著选读.上卷.北京：商务印书馆，2005：151.
[2] 北京大学哲学系外国哲学史教研室编译.十六—十八世纪西欧各国哲学.北京：商务印书馆，1975：8-9.
[3] 北京大学哲学系外国哲学史教研室编译.十六—十八世纪西欧各国哲学.北京：商务印书馆，1975：83.

斯诉诸感觉和想象。霍布斯强调，一切知识都是从感觉中得来的："如果现象是我们借以认识一切别的事物的原则，我们就必须承认感觉是我们借以认识这些原则的原则，承认我们所有的一切知识都是从感觉获得的……知识的开端乃是感觉和想象中的影像。"[①] 关于心理内容，霍布斯的另一个值得注意的观点是论述了思维和语言的关系，他认为思维和语言是紧密相连，甚至等同的。当然，霍布斯所说的语言是指自然语言而不是心灵哲学中常说的思维语言[②]，但他却引起人们思考思维的语言究竟是外显的还是内隐的。洛克在其《人类理解论》中首先关注的问题是：人类可以理解什么呢？也就是说，哪些东西可以作为人的心灵思维的直接对象？洛克的回答是："由于心理就其所有思维与推理而言，除了自身的'观念'之外没有任何其他直接客体，因此，很显然，我们的知识就只能是理解它们。"[③] 所以，在洛克看来，观念就是客体的心理表征。心灵是无法认识客体本身的，只能认识其自身的观念，而心灵的观念又来自经验。洛克的经验观察按照观察者的心灵内外之分可以分为两个部分：一是对外界可感物的观察，二是对心灵内部活动的观察。所以，他所说的观念就有了两个来源：一是感觉，二是反省。由感觉和反省这两种途径提供给心灵的观念全部是简单观念，这是人类心理内容的一个部分，此外人的心灵（理智）还可以利用这些简单观念产生另一部分新的内容，即复杂观念。所以，尽管洛克提出了著名的"白板说"，但对洛克而言，心灵却并不完全是白板，其中还包含着很多先天的、主动的心理机制。比如，洛克强调语言是人类的种族特征："上帝把人设计成一个社会生物……而且还为他装备了语言。"[④] 所以，"对洛克来说，心灵不仅是一个由经验来装饰的空房间，而且还是一个复杂的信息加工装置，准备着把经验的材料转化为有组织的人类知识"[⑤]。休谟认为所有的心理内容都是观念，心灵即是观念的复合，而且他也像洛克一样对人类的心理内容进行了分类，但在洛克使用"观念"的地方他使用了"知觉"一词。在这里笔者仍使用休谟的用法来进行说明。休谟把知觉分为两类，即印象和观念。印象是生动的知觉，观念是不生动的知觉。所以，休谟所说的"印象"就是指当下的感觉，如你对你此时此刻面前呈现的一座山的印象，而观念则是不太清晰的印象，如你在以后会想到上述感觉时所具有的心理内容。与观念相比，休谟更加重视印象，因为印象有

---

① 北京大学哲学系外国哲学史教研室编译.十六—十八世纪西欧各国哲学.北京：商务印书馆，1975：66.
② 现今思维语言是心理内容自然化的一个不可或缺的组成部分，笔者将在随后章节对此进行说明.
③ 托马斯·黎黑.心理学史.李维译.杭州：浙江教育出版社，1998：209.
④ 洛克.人类理解论.关文运译.北京：商务印书馆，1959：55.
⑤ 托马斯·黎黑.心理学史.李维译.杭州：浙江教育出版社，1998：212.

主体直接接触到的现实作为保障，因此更为真实，而感觉则可能根本就没有对象（不但现在没有，而且以前也没有对象，如独角兽），因此是虚假的。能够回溯为印象的观念为真，反之则为假，所以像形而上学和神学的观念尽管是心理内容，但却没有经验内容，因此应当排除。

当代西方心灵哲学将心理内容的研究推向了一个全新高度。这一方面表现在自然主义在当代心灵哲学研究中的繁荣兴盛，产生了众多特色鲜明的自然主义理论，如行为主义、功能主义、取消论、同一论。这些自然主义理论从各自立场不断提出对心理内容的自然主义说明，形成了声势浩大的自然化运动。另一方面表现在围绕心理内容研究产生了很多新的哲学概念。仅就"内容"这一术语而言，新产生的哲学概念就包括"表征内容""思维内容""认知内容""信息内容""语义内容""宽内容""窄内容""粗内容""细内容"等。而且有关"内容"的研究与有关"意向性""意义""表征"的研究交织在一起。按照当代心灵哲学对心理现象的新的理解，心理现象不外乎两大类：一是命题态度，二是包括躯体感觉、知觉、情感体现等在内的现象性经验。这两类心理现象都有对应的心理内容。前者的内容是概念性、命题性的。例如，一个信念"相信天要下雨"就是一个命题态度。

第三节　信息何以可能

实质上，对心理内容的自然化就是用科学术语来说明心理内容。为了达成这一目标，自然主义哲学家们进行了各种各样的尝试。自然科学领域中几乎所有的学科都被自然主义者当作工具，纳入自然化的解决方案当中。其中一个显著的标志就是，自然主义哲学家往往会使用他所依据的自然科学的学科名称或者概念来命名他所建立的自然化理论。比如，阿姆斯特朗、刘易斯（D. Lewis）等以物理学为基础对心理内容进行的同一论说明，米利肯、博格丹（R. Bogdan）和塞尔等分别依托生物科学作出的"新目的论"说明和"生物学自然主义"说明，哈曼（G. Harman）、菲尔德（T. Warfield）、布洛克（N. Block）等借用计算机科学中十分流行的"功能作用"概念进行的"功能作用语义学"说明，德雷斯基以通信理论为基础作出的"信息语义学"说明，福多以计算机模块理论进行的"模块论"说明。自然主义者在运用各种科学技术理论对心理内容进行自然化时，体现出很强的宽容性和开放性，因此即便在表面上看来他们建立的理论毫无共同之处，但实际上从事的却是相同的工作。所以也有人称哲学正在经历一场"自然化转向"运动。

信息被自然主义者用作将心理内容自然化的一个基础概念并非偶然。除了科学技术特别是信息技术的发展，为其提供了外在条件和技术支撑之外，自然主义对人和人类心理的研究所采用的类比式的方法也是一个重要原因。在哲学史上，自然主义者总是试图在自然之内找到说明人类心理内容的要素，反对对之作出超自然的或者神秘主义的说明。比如，古希腊的原子论者留基波和德谟克利特就把心理内容（如感觉和思想）归结为人的身体本身，即"身体的变形"[①]。进入近代以来，自然主义者开始更多地借助自然科学技术的成果和概念来进行自然化。比如，拉美特利通过把人看作是机器，来完成对人的心理内容的自然化。这种机械唯物主义的观点就是通过人与机器的类比来说明人的心理内容的。用信息说明人的心理内容在方法上也存在这种类比关系。在当今的信息技术时代，计算机的使用为研究人的心理内容提供了一个新的类比物。计算机就是一台信息处理装置，因此它与同样在处理信息的人类心灵之间必然存在某种可类比的关系。当然，心灵哲学并不把人的心灵看作是简单的计算机，而是既看作是句法机又看作是语义机。上述这些因素只是说明了信息能够被用来进行自然化操作的一个可能性，那么就信息本身而言，它能否被用来完成心理内容的自然化？对此问题不应作出独断式的回答，而应首先分析信息具有哪些属性，这些属性是不是自然主义的属性。当前在很多与信息相关的哲学理论，特别是心灵哲学理论中，很少有甚至完全缺乏这样的分析，一个不具有概念同一性的"信息"被用于构造语义理论，这一方面造成了"信息"的误用和乱用，另一方面也为澄清信息概念进而构造自然化的信息语义理论带来了困难。如果我们不能从正面直接回答这个问题的话，那么我们不妨先来考察一下：能够用来对语义进行自然化的信息应该具有哪些属性。

首先，从逻辑上看，能够用于语义自然化的信息其本身应该不是意义。也就是说，我们要想在信息的意义之间建立关联，首先要做的是把信息和意义区别开来，就像我们要在信息量和信息内容之间建立关联的第一步是要在认识上把它们区别开来一样。因为，按照自然化的要求，我们只能根据非语义的属性来说明语义属性。如果信息本身就具有语义的属性，那它就不可能成为对语义进行说明的合适选项。

[①] 北京大学哲学系外国哲学史教研室编译. 西方哲学原著选读. 上卷. 北京：商务印书馆，2005：50.

其次，从自然化的原则来看，信息应该是客观的、不依赖于心灵的东西。语义自然化就是要在根本上肯定语义在自然界中的地位，把人们以往归属到语义当中的那些心灵的、主观的东西驱逐出去。换言之，我们必须用自然界中存在的客观的属性去说明语义属性。因此，既然我们把信息作为语义自然化的工具和要素，那么信息本身就必须是客观的[1]。

最后，信息必须与真具有某种特殊的关系。能够被一个人知道的东西，一定不能为假，因此如果信息要使一个人知道 p，那么信息就一定要与能够使 p 为真的那些事态联系在一起。当一个人想要知道 p 的时候，他实际上却获知（知道）了 q，但是这个人绝对不可能错误地获知（知道）q[2]。

---

[1] 关于纯粹的客观性是否存在，哲学中一直存在争论，本书认为争论的根源在于我们以往的解释图式中缺乏信息这个要素。

[2] 信息与真的这种特殊关系是析取问题的一个诱因，因此真正的信息语义学要在坚持信息与真的这种关系的同时说明析取问题。

第三章

信息语义学的一般问题

在对信息语义学的各种具体操作方案进行介绍并最终发展出一种完全以信息为基础的内容理论之前，笔者还有一些基础性的工作要完成。什么是信息语义学？信息语义学的目的是什么？它与当前比较著名的一些内容自然化理论是什么关系？对这些问题作出回答就是本章要完成的任务。我们首先从一个基本的区别开始说起：语词、句子和信念是不同的。"雪是白的"是一个句子，而一个人所处的一个心理状态"雪是白的"则是一个信念。这个句子和这个信念有一些共同之处，即两者都是关于雪的，而且两者都具有"雪是白的"这一真值条件内容（truth conditional content）。很多哲学家都认为，自然语言表达式（及其他非心理表征）的语义属性源自于心理状态的语义属性[①]。笔者赞同这种观点，并认为这是一个清楚明白的事实。因为，自然语言表达式的使用总要符合其约定，那么从表面上看，自然语言表达式是从规范其用法的这些约定中获得其意义的。但问题在于，这些约定的根据又是什么呢？对这个问题的回答将我们引向了语言持有者的心灵当中：约定总要根据一些规则，而这些规则涉及语言持有者的信念、意向等心灵的东西。

心理状态的语义属性就是使其成为意向状态的东西。因此一个思维的意向内容就是该思维的真值条件。但是问题在于，意向的心理状态、心理事件凭借什么来拥有其语义属性呢？就上面的例子而言，雪是白的这个思维能够关于雪并且具有雪是白的这一真值条件，这何以可能呢？我们不可能再诉诸约定来回答这个问题，因为约定作为对自然语言表达式语义属性的解释根据，其本身就是根据心理状态的语义属性来解释的。一般而言，解答这个问题的方法有两种。一是认为语义属性是一种基本属性，这样就无需再对之作出解释和说明。但这

[①] 格赖斯（Grice）、路易斯（Lewis）和福多都赞同这个观点。而戴维森则不这样看，他认为，心理语言的语义属性和公共语言的语义属性是相互依赖的，不存在一者优先于另一者的问题。

明显不是自然主义者能够容忍的观点,因为把语义属性视作基本属性就无异于承认信念、意向等心理的属性是基本的非物理的属性。所以,自然主义者只能选择第二种方法,即认为语义属性不是一种基本的属性,因而需要根据某种非语义属性来对之作出说明。在自然主义者看来,根据第二种方法进行的各项操作即是对语义的自然化[①]。到现在为止,我们可以对我们所要进行的工作有一个比较全面的认识了。我们的目的就是要将语义自然化,而信息就是我们赖以进行此项操作的工具。信息语义学是以信息为工具进行语义自然化操作的产物。

第一节 什么是信息语义学

信息语义学首先是心灵哲学语义学的一个变种。信息语义学是当代心灵哲学心理表征理论的产物,它不同于我们通常所理解的语义学。我们通常所理解的语义学是自然语言语义学,主要关注的是自然语言中语词的意义问题。而信息语义学的一个前提就是承认心理表征,认为心理表征的语义性是自然语言语义性的基础。换言之,信息语义学所属的语义学是心理语义学,这种语义学是对心理表征与其意义或内容之间的关系的研究,也可以说是对心理表征所具有的内容的研究。那么,什么又是表征和心理表征呢?所谓表征通俗来讲就是能够一个东西能够代表另一个东西。比如,一张照片能够成为一个人的表征,而不必成为那个人本身。与此类似,人的心理状态表征外部世界的对象、关系和属性并把它们作为心灵内部东西的实体。表征通常被认为是以自然化的方式理解意向性的关键。内容和表征的媒介不同。表征的媒介是某个大脑状态,这个大脑状态的内容则是表征所关于的东西。表征可以被看作是携带信息的内在状态,它凭借其内容而充当心理过程之间的媒介。但是,心灵或者大脑是如何表征的?或者说,心理表征采取什么样的形式来表征?福多的答案是思维的语言(language of thought,LOT)。福多意识到,命题态度对组合结构(combinatorial structure)的敏感性不能通过机器功能主义来说明,因此便将之看作是主体与心理表征之间的关系。因此,玛丽可能相信她看到了一只老虎,或者希望看到一只老虎,但这两个状态关于的却是相同的东西(具体实现机制是通过设定信

[①] Loewer B. A guide to naturalizing semantics//Hale B, Wright C. A Companion to the Philosophy of Language. Oxford: Blackwell, 1997: 108.

念和欲望盒）。思维的语言是思维的媒介。它和自然语言的共同之处在于：它具有符号或者表征原子，对应于自然语言中的语词；这些符号根据递归式的规则能够形成复杂的表征，对应于自然语言中的句子。思维语言是先天的并先在于自然语言，因此它又不等同于任何自然语言。心理表征是符号的。每个符号都具有特定的内容，所以思维语言表征是离散的或者数字的。心灵的表征理论（representational theory of mind, RTM）认为意向状态（思维、信念等）表征着（真实或者可能的）世界，并且在语义上是具有真值的。心理的表征理论是景点认知科学家的主要论点，它认为思维语言是心理表征的媒介。用心理表征来理解意向性的目的在于为意向性找到自然世界中的容身之地（自然化语义学）。自然化语义学主要就是内容的信息理论和目的论理论。

心灵哲学中具有自然主义倾向的哲学家一般都认为有机体的内在状态对世界进行表征。这里的表征被理解成是一种真实的、完全一元化的自然关系。这种关系最初仅在民间心理学中得到了模糊的分辨和理解，自然主义者认为通过他们的工作，这种关系最终可以在认知科学和哲学中得到更加详细的描述。与这种观点持相反意见的一种观点称作"解释主义"，其代表人物是戴维森和丹尼特。在解释主义看来，被解释者归属的那些东西上面并没有语义属性。

心理状态总是能够表征世界的某个状态或者特性。心理状态的这种表征性是一种非常常见的现象，但同时也是令哲学家们感到困扰的一个问题，即心理表征的问题，或者"表征问题"。对人而言，思维总是关于事件的，这一点毫无疑问。心理表征之所以能够成为一个问题，原因在于心理表征的这个显著特性，即心理表征是关于事物的这一事实对自然主义构成了威胁。换言之，正是自然主义者和具有自然主义倾向的心灵哲学家们才把思维的表征方面看作是一个问题，并因此致力于解决这一问题，即所谓的自然化。我们把思维和其他一些典型的物理对象，如石头、木材等进行比较就能够看出为什么思维对自然主义构成了威胁。一般认为，典型的物理对象不表征任何东西，而思维是关于事物的，因此思维在范畴上能够与典型的余力现象区别开来。通过关于并指向世界中的特定事项，思维呈现出了一种超越自身、直达外部的特殊力量，一种相对于典型的物理力量而言显得陌生的力量[1]。石头、木材显然没有这种特殊的力量。

此外，表征的这种特殊力量还导致了思维与它所关于的东西之间的一种特殊关系，这种特殊关系同样是典型的物理对象之间所不具备的。典型物理对象之间的关系，如上下、左右、相邻、相继等都敏感于物理关系（physical

---

[1] Crane T. The Mechanical Mind. New York: Penguin, 1995: 22-41.

relationship）的时空特性。例如，除非两块石头在同一时间存在，否则一块石头就不可能处在另一块石头的上面；除非两个事件是相邻的，否则一个事件就不可能导致作为其结果的另一个事件。但是，思维则相反。与其他对象和事件处于关于性关系的思维并不敏感于时间和空间。具有一个关于过去和未来的思维和具有一个关于现在的思维同样简单，具有关于远处的思维和关于临近的思维同样如此，甚至我们能够毫不费力地思考关于不存在的东西，如方的圆、世界和平等。因此，似乎很难理解以下两者之间是一种什么关系，即与根本不存在的某种东西之间的关系，以及典型物理对象之间存在哪种关系。自然主义者必须说明这种关系同样是一种物理关系。但是，历史上包括布伦塔诺在内的一些哲学家都断言，思维的表征方面或者关于性本身就是反对全面的科学自然主义的充分证据。所以，从这个意义上说，自然主义者必须能够清楚明白地说明思维的神秘力量，能够说明思维与它所关于的东西之间的关系在根本上是一种物理关系，尽管从表面上看它不是一种物理关系。

关于表征问题通常还存在着一种非典型性的解决方法。之所以说它非典型是因为这种方法并不像传统的自然主义者那样直接针对思维的表征方面或者关于性本身进行说明，而是"声东击西"通过说明典型的物理对象来消除思维的神秘性和特殊性。其具体做法是说明物理世界中的各种对象都具有表征能力，因此思维的表征能力并不特殊，只是一种一般的自然现象。比如，一张纸上字迹（语词）能够与其他东西相关。所以，在这种观点看来，根本就不存在表征问题，因此也不必对表征问题进行回答。有人把这种观点称作对心理表征问题的一种"不回应式的回应"[1]。但是这种"不回应式的回应"很快遭到了激烈的回应。比如，格赖斯对典型物理的事物表征世界特性的方式和思维表征世界特性的方式之间所做的区分就是这种激烈回应的一个代表[2]。字迹之所以表征其他东西是由于人的作用使然。如果没有了人，字迹还能意指任何东西吗？正如维特根斯坦所说："符号自身似乎都是死的。"[3] 在葛莉斯那里，典型物理事物偶尔所具有的语义是人给予它们的，它们的特殊意义是由我们所利用的特殊思维决定的。但是，对于我们的思维本身所具有的表征能力却不可能用同样的方法去解释，换言之，我们不能诉诸其他的思维和意向来解释思维的关于性，否则就陷入了循环论证。所以，通过说明典型物理事物同样具有关于性来解决表征问题

---

[1] I'Hote C. Biosemantics：An evolutionary theory of thought. Evolution Education & Dutreach，2010，3：265-274.
[2] Grice P. Studies in the Ways of Words. Cambridge：Harvard University Press，1989.
[3] 维特根斯坦.哲学研究.陈嘉映译.上海：上海世纪出版集团，2005：150.

是于事无补的。而且这种做法使问题全部都集中到了思维关于性之上：典型物理对象的关于性派生自思维的关于性，前者可以依据后者获得解释，但后者尚未获得解释。

总之，无论自然主义者还是非自然主义者实际上都无法回避心理表征问题，因为在这里有一个基本的问题需要回答：思维的关于性是如何与自然的物理世界相一致的？科学能够对此作出解释吗？心理表征的各种自然主义理论都试图表明思维的关于性在根本上是纯粹自然主义的现象。正如福多指出的，若真有关于性，它也必为其他东西，即明显是自然主义的东西。

第二节 信息语义学的代表方案

对于什么是信息语义学，哪些人物的内容理论能够称作是信息语义学是一个存有争论的问题。很多哲学家都曾将自己创立的内容理论称作信息语义学或者内容的信息理论，其中有些是自然主义的，有些是非自然主义的。笔者的计划是先考察对信息语义学的几种已有的规定，然后再对什么是信息语义学这一问题作出回答。

巴里·洛伊（Barry Loewer）曾对信息语义学是什么这一问题做过专门的研究。在他看来，信息语义学的代表人物有德雷斯基、福多、斯坦内科（Stalnaker）、巴瓦兹（Barwise）和佩利（Perry）。他认为，信息语义学主要就在于说明使一个信念成为信念的东西是什么，并认为成为一个信念状态能够在功能上得到说明，尽管各种信息语义理论对功能的描述都不相同。信息语义学的新颖之处在于它根据信息内容来说明什么东西使得一个信念状态成为信念 p。这种说明就是信息语义学。因此他将信息语义学概括为下述公式：

A 相信 p 当且仅当：A 处于状态 B_n 当中使得
（a）B_n 满足某些功能条件，
（b）如果获得这些条件 C_n，那么 B_n 携带信息 p。

当然，在上述这个共同的形式之下，在不同论者之间存在着两点主要分歧：一是不同论者对信息的理解不同，二是对信息内容和信念内容相符合所需要的条件的看法不同。信息语义学的目的在于将 A 相信什么东西这一事实还原为物理事实,因此要正确完成这种还原,它必须满足两个充分条件:①信息语义学必须是类似规律的而且为真;②状态 B_n、条件 C_n 及信息观念必须不借助语义和意向观念而得到说明。条件①要求信息语义学所归属的信念必须与民间心理学所归属的信念相一致,而且信念状态系统地与其内容联系在一起。条件②表明信息语义学不能预设意向观念,但它却可以使用意向观念。比如,目的论概念和反事实条件句都是意向的,但在信息语义学中使用它们并不算错。他认为,现有的所有信息语义理论都不能完全无误地满足上述两个条件。

作为信息语义学的一个代表人物,福多曾对信息语义学是什么这一问题进行过研究。他将德雷斯基的信息语义理论、帕皮诺和米利肯的目的论语义学,以及大卫·以色列(David Israel)等的理论统称为以信息为基础的语义理论(IBST),并对这些理论进行了比较全面的总结和批判。他认为以信息为基础的语义理论主要具备以下四个特点。

第一,以信息为基础的语义理论的主要目标在于对基本的语义关系进行自然化。也就是说,要用非语义和非意向的术语,即用自然科学的词汇来说明一个符号如何能够表征其他东西,并因此具有语义内容。

第二,心理表征是与以信息为基础的语义理论相适应的。休谟认为,首先具有语义属性的是观念。信念、欲望等心理状态都是关系性的,它们从作为其直接对象的观念那里获得其语义属性,而自然语言中的词汇则是从各种心理状态中获得其语义属性。例如,"天要下雨"之所以意指天要下雨,是因为语言的说者(按照规范)正是要用这个句子来表达天要下雨这一信念。而天要下雨这一信念之所以能够具有它的内容,又是因为该信念的对象是意指着天要下雨的一个心理表征。所以,根本的问题是:对一个心理表征意指着天要下雨这一事实而言,其基础何在?以信息为基础的语义学就旨在为诸如此类的问题提供一个自然主义的答案。

第三,以信息为基础的语义学断言,一个符号的基本意向属性就是携带信息这一属性,而"携带信息"是一种关系。例如,烟携带火的信息,树的年轮携带关于树的年龄的信息,"这是一头牛"这个句子携带这是一头牛这一信息。

第四,"携带信息"要根据符号(即信息携带者)和被符号化的东西(即被携带的这个信息所关于的东西)之间的因果协变关系来自然化。例如,A_s 携带关于 B_s 的信息,当且仅当"B_s 引起 A_s"这一结论为真且反事实条件支持。

福多认为,以往的以信息为基础的语义理论所面临的一个最主要的问题就是析取问题。所以从这个角度看，一种更好的内容理论就是能够更好地解决析取问题的理论。析取问题的主要通过错误问题体现出来，但析取问题"究其核心而言其实并不是关于错误问题"[①]。因此，解决析取问题不能从分析错误入手。"解决析取问题需要的不是关于错误的理论，而是关于意义的理论；如果一种理论足够完善，那么析取意义的条件就会作为一种个例而出现。"[②] 换言之，解决析取问题就是要弄清一个符号的意义何以可能不敏感于该符号诸个例的原因中的可变性。

福多等对信息语义学的规定主要是从自然主义的角度作出的规定，但实际上并非所有的自称以信息为基础的语义理论都是自然主义的理论。比如，第一个以信息基础的语义理论就不是自然主义的。巴希尔（Bar-Hillel）和卡尔纳普根据归纳逻辑和归纳概率理论，创立了第一个比较全面的语义信息理论，他们认为他们的理论与当时存在的通信理论是截然不同的。他们的信息理论根据的不是一个逻辑表达式的句法形式，而是其语义形式。根据他们的语义信息理论，在一个给定的语言系统中，一个句子所携带的信息这一概念与这个句子的被规范化了的内容这一概念被认为是同义的，而且语义信息量这一概念是由这个内容的不同量度来说明的。他们为语义信息及其量度提供了一个框架。在他们看来，信息就是一系列被排除的可能性[③]。但他们的信息语义理论并不是自然主义的。他们在理论中预设了心灵和语言的存在，但未能说明它们何以存在："我们要创立的这个理论预设了某一语言系统，而且该理论的这些基本概念将被用于此系统的句子。那么这些概念就将是与归纳逻辑的某些概念密切关联的语义概念。"[④] 虽然他们声称他们的理论关注的并不是维纳所谓的"通信的语义问题"，而是发送者意图传达的意义与接收者所解释的意义之间的一致或者接近，但是，就该理论包含了句子的真值（truth-values）及其逻辑关系而言，它仍能被视作为一个信息语义理论。他们的信息语义理论中提出了两个到现在为止都备受争议的论点，即数学的和逻辑的真不产生信息，而自相矛盾则断言了太多信息以至于不能为真（assert too much information to be true）。

根据前面对信息的理解，本书所说的信息语义学指的是自然主义的信息语义学。因此，笔者对信息语义学作出这样的规定：信息语义学，亦称内容的信

[①][②] Fodor J. A Theory of Content and Other Essays. Cambridge：The MIT Press，1994：71.

[③] Langel J. Logic and Information：A Unifying Approach to Semantic Information Theory. PhD dissertation, Universitat Freiburg in der Schweiz, 2009.

[④] Bar-Hillel Y. Language and Information. Massachusetts：Jerusalem Academic Press Ltd.，Addison-Wessley Publishing Co.，1964：221.

息理论，它旨在利用信息观念对意向状态何以具有内容作出自然主义的解释。比如，如果一个心理表征携带关于 F_s 的信息，那么 R 就把 F 作为其内容。对信息的内容理论最常见的一种观点把诉诸信息的解释和诉诸因果性的解释联系在一起，认为因果关系是比信息关系更基本的关系。因此，对内容的信息解释归根结底落实到因果解释上来，换言之，表征的内容是由其原因决定的。比如，心理表征"猫"之所以关于猫是因为猫引起了这个心理表征。按照这种思路，内容的信息理论面临着一个最大的难题，即析取问题。析取问题表现为错误问题和表征问题两个方面。

解决错误问题实际上就是要说明内容的固着性（content-fixation）。因为除了猫之外可能还会有别的东西吗？如狗引起"猫"。比如，德雷斯基早期曾通过设定一个"学习阶段"来解决错误问题。但是即便对学习阶段的设定能够成立，并且能够说明错误问题，但它却无法说明表征问题。因为在这个所谓的学习阶段可能就有狗引起"猫"，所以"猫"意指猫和狗。说明内容固着性的其他一些方法包括：①设定认识上的最优或者理想条件，如良好的照明、适当的距离等，这些方法被称作"类型1理论"，因为它们把内容的固着与特殊的情境类型联系在一起。它们的问题在于不同的表征需要不同的最优条件来固着其内容，但这样一来它们在方法上又必须诉诸表征的内容，进而与其自然主义的方法论要求相违背。②福多的非对称依赖性理论[①]。③德雷斯基的信息–目的论理论。

第三节　信息语义学和目的论语义学

在上一节中，笔者把目的论语义学定义为信息语义学的一个部分。但是这种说法似乎与我们通常理解的目的论语义学不太一致。通常的一些关于心灵哲学的介绍性著作总是把目的论语义学和信息语义学放在并列的位置来进行研究，好像它们是语义自然化的两种完全不同的方案一样。在这里笔者要对此作出澄清：目的论语义学与信息语义学不是并列关系，而是从属关系。只有认清了这一点，才能从根本上理解目的论语义学，才能够理解我们在研究信息语义学时为什么离不开目的论。

[①] 有些学者如亚当斯和阿兹瓦（K. Aizawa）等认为福多的非对称依赖性理论并不能算作信息语义学。本书认为，福多的内容理论可以算作信息语义学，但却是一种弱的信息语义学。

| 信息与心理内容 |

  作为目的论语义学的代表人物，米利肯曾明确针对上述误解进行过论述，并深入分析了这种误解产生的根源。米利肯认为，人们在下述问题上通常存在着一种误解，即认为内容的目的论理论可以像因果或者协变理论、信息理论、功能作用或者因果作用理论一样同属于心理表征内容的自然化理论的组成部分[1]。因为各种目的论理论的共性并不在于表征内容的本质如何，而仅仅是关于表征何以能错，这两点显然是不同的。前者关注的是表征内容在本质上是否能被自然化，它把因果性、信息、功能作用等作为自己自然化的手段，而后者则把前者作为基础，并增加自己的一些要素，如功能、目的等来说明错误表征何以可能。正如米利肯所言："目的论语义学，正如它有时被称谓的那样，只是关于表征何以可能为假或者错误的一种理论。"[2]意向性，如果被理解为关于性的话，是不能够通过目的论理论来解释的。自然信号是关于事物的信号，它表征了关于事物的事实，但它不可能为错。那么，解释错误之所以可能的方法就不可能等同于关于性的方法。

  米利肯认为这种混淆源自于对布伦塔诺著作的翻译[3]。把心理现象和物理现象区别开来的东西就在于前者具有一种属性，即他所谓的意向性。布伦塔诺通过两种方式来描述意向性。第一种描述包括"对象的意向性""指向一个对象""指涉一个内容"，这说明了心理现象关于事物的这种能力。比如，我的一个思维是关于休谟的。第二种描述是"意向的非存在"，这说明了思维对象的一个明显特性，即思维对象即便在不存在时也能够被思维所关于，能够出现在心灵之内或呈现在心灵面前。比如，金山、方的圆等。布伦塔诺认为，真实存在的思维和实际不存在的对象之间的关系不是一种物理关系，而是一种特殊的心理关系。因此，在布伦塔诺的对"意向性"术语的规定中就包含了产生下述这种理论混淆的萌芽：解释一个表征何以可能关于某物，与解释它何以能够为假或为空是一体之两面。在这个理论混淆中还隐含另外一个思想：当一个人的思考为假或为空时，会有一个对象得到表征，这就像当一个人正确思考时，会有一个对象得到表征一样。也就是说，不管思维真假，都会有一个被称之为"意

---

[1] Millikan R. Varieties of Meaning：The 2002 Jean Nicod Lectures. Cambridge：The MIT Press 2004：58-68.
[2] R. Millikan, Varieties of Meaning：The 2002 Jean Nicod Lectures. Cambridge：The MIT Press, 2004：62.
[3] 值得注意的是，对哲学著作的翻译一直以来都是产生哲学纷争乃至哲学问题的一个原因。关于意向性问题的一些混淆以及对这些混淆所做的澄清很大程度上来自对布伦塔诺著作的各种版本的翻译。这就类似于国内对"本体论"一词的翻译，使得很多不明就里的人对该词作出望文生义的理解，因此产生了很多与"本体论"的本意完全无关的本体论。

向对象"或者"意向内容"的东西显现出来。

目的论理论主张把布伦塔诺关于意向性的两种表述分开来理解。其结果是，目的论理论的一个共同之处在于它们都否认当一个人的思考为空或者为假时，有任何对象被表征。比如，当人们思考"燃素"或者"以太"时，并没有任何正在被表征的东西，无论是外在对象、内在对象或其他任何事态。目的论理论作出这种否定的原因在于，它们认为错误的表征并非表征了被称作"内容"的那些特殊对象，而只不过是无法作出表征的表征。换言之，错误表征是表征（representation），但却无法表征。说它们是"表征"的意思是，产生了这些表征的认知系统的生物功能就是要让这些表征去表征事物。说它们错误是因为这个认知系统的生物功能没有实现。"被一个错误表征'所表征的东西'其实是'并不存在的某种东西'，因为一个错误表征根本不表征任何东西。"[1] 从语词分析的角度也能够理解上述观点。赖尔（Gilbert Ryle）曾把与知觉和认知有关的动词分为两类，第一类称为"成就词"或者"成功词"，包括"看到"（to see）、"听到"（to hear）、"闻到"（to smell）、"觉察到"（to perceive）等，第二类称作"任务词"或者"尝试词"，包括"看"（look）、"听"（listen）、"搜寻"（to hunt）等。这两类词之间经常出现一种对应关系，比如，"知道"（to know）对应于"想知道"（to wonder）和"相信"（to believe）。后面这两个词用以表达前者未能实现时的状态。因此一个人能够想知道或者相信，但却不知道。但是，问题在于并非所有成就词都有对应的任务词。这导致了在一些表达中会出现模棱两可的状况。比如，当你出现幻觉的时候，你说你看到了"休谟"，但是实际上休谟不在这里，你不可能成功地看到休谟，因为除了"看"这个词之外，语言中没有其他与"看到"对应的任务词。这一点不同于"知道"，"知道"除了"想知道"之外，还有"相信"这个词可以把未能成功地知道，但又需要用"知道"一词来表达的一层意思表达出来。而"看到"由于缺乏类似于"相信"的这样一个尝试词，所以在遇到不同情境时只能重复使用。这在思维中的导致的一个结果是，人们错误地认为总会有某种东西出现在思维面前。比如，当你需要用"看到"的一个尝试词来表达你"看到"某个事实上不在你旁边甚至根本不存在的东西（如休谟）时，但语言中没有这样一个尝试词，所以人们就会认为，必定有某种东西被看到了（不是休谟），即某种纯粹心理的东西。动词"表征"（to present）也具有上述这种模糊性。当作为一个成就动词使用时，表征某种东西要求必定存在有某种东西以被表征。因此，布伦塔诺认为，在思维中表征某种

---

[1] Millikan R. Varieties of Meaning: The 2002 Jean Nicod Lectures. Cambridge: The MIT Press, 2004: 62.

东西，要求存在某种东西以供思维表征。但是"表征"也可以作为一个尝试词来使用。比如，即便没有金山以供表征，你也能够表征一座金山（实际上是尝试表征一座金山）。布伦塔诺没有对"表征"一词的这两种用法作出区分，而是在一种十分模糊的意义上理解和使用该词，因此这造就了令布伦塔诺感到困惑的问题。

那么，目的论语义学应该如何克服在"表征"一词的使用上存在的这种混淆呢？米利肯采取的是一种取消式的办法："应该完全否认你能够看到、想到或者表征不存在的东西，只应做成功词来使用'看到''想到''表征'等这些动词。"[1] 她认为这能够避免特殊意向对象具体化所导致的混淆。质言之，一个人不可能表征不存在的东西。

意向性问题一直是心灵哲学研究的一个核心问题，它既令自然主义者感到头疼，又是二元论者和唯心主义者据以对抗唯物主义的堡垒。"一般都认为，意向性问题是所有一切问题中最困难的问题，是研究最多而进展甚微的领域。正是鉴于这一点，许多自然主义者不无沮丧地说：他们尽管能较成功地说明大多数心理现象，但仍有意向性和意识不太顺从他们的说明。"[2] 作为自然主义者对心灵进行自然化所诉诸的主要概念之一，信息必然与意向性产生交集，而要用信息语义学来说明心理内容，同样不得不解决意向性问题。那么，对自然主义者而言，什么是意向性问题？我们通过一个关于信念的事例来说明。比如，休谟相信天要下雨。那么我们就可以认为，休谟的信念具有表征和语义特性，因为他的这个信念是关于天的，它把天表征为要下雨，而且他的这个信念具有真值条件。同时他的这个信念还具有因果和解释力：休谟在出门时带了伞，因为他相信天要下雨。那么，自然主义者的问题是：休谟（包括其他任何相信者）是物理实体，但物理的东西如何具有信念（包括欲望等其他命题态度）。这就是意向性问题。意向性问题之所以困难是因为，意向和语义概念、指称、真值条件、意义等在生物和物理理论中并不出现。所以，对意向性的自然化实际上就是要说明，物理状态何以可能表征和错误表征并进而成为行为的原因。

除了信息语义学之外，其他一些有代表性的理论，如行为主义、同一论和功能主义对意向性问题作出过解答。行为主义和同一论都试图把意向状态和过程同一于某种物理的东西：前者将其同一于行为或者行为倾向，后者将其同一于中枢神经系统的状态，即把心理状态同一于大脑状态。但是行为主义和同一

---

[1] Millikan R. Varieties of Meaning : The 2002 Jean Nicod Lectures. Cambridge: The MIT Press, 2004: 66.
[2] 高新民. 意向性理论的当代发展. 北京：中国社会科学出版社, 2008：序言, 4.

论的问题在于，它们只是简单地声称信念同一于某一物理状态，而对于这个物理状态何以能够表征信念的对象却语焉不详。功能主义的回答更接近于对表征的物理主义说明。比如，在计算作用功能主义看来，信念就是能够用信念的计算作用来描述的一个状态。既然计算涉及符号加工，所以这种功能主义自然就把信念看成是表征的。但是正如赛尔、福多和普特南等所指出的，句法和计算关系无论被搞得多么复杂，都不可能靠其自身描述出意向关系。

通过对意向性的澄清，目的论语义学把握到了意向性是什么。米利肯认为这是目的论理论的一个共性，即它们赞同对表征（关于性）是什么的表述。它们的分歧在于，正确表征事物即实际上对事物进行表征的一个有机体在做什么，以及在进行错误表征的一个有机体无法做到的是什么。也就是说，各种目的论理论对表征进行说明所依据的基础可以是不同的。米利肯因此将目的论语义学形象地称为"骑在背上的理论"[1]。这意思是说，目的论语义学与图像论、因果理论、信息理论等其他的一些更基本的表征理论并不处在同一个理论层次上，而是以后者为基础的，是"骑在后者背上的"。如果不理解这一点会对目的论语义学产生误解。比如，如果单纯地认为目的论语义学就是用功能、目的、进化等来解释表征的话，就会常常让人感到目的论语义学所诉诸的手段对它要完成的任务而言太过宏大了。我想到了我的女儿，那么我的这个思维何以要用进化史或者我的学习史来解释呢？实际上，纯粹的目的论语义学根本不指望解释这样的问题，因为这样的问题是留给那些更基本的表征理论的。目的论语义学原封不动地把这些理论拿过来，并通过增加某种东西使这些理论的真表征成为意向表征。它增加的东西是：产生意向表征以进行表征的必定是这个系统的功能或者目的。另外，目的论语义学还根据拿来的这种理论来解释错误表征是什么。这就是目的论语义学的全部。

目的论语义学之所以被认为是信息语义学的一个分支，原因就在于当前主要的目的论理论都将信息论作为自己的理论基础。所以我们可以说，目的论语义学就是增添了目的论因素的信息语义学，或者是以信息为基础的目的论语义学。因此，目的论语义学直接关注的实际上是内容的信息理论，并以此为基础来构建意向表征的目的论理论。在目的论理论看来，表征某物一定是有时会对有机体有利的东西，即所谓表征者必获其利益，否则有机体包含某些被设计的系统以进行表征就变得神秘难解了。通常人们在提到表征的目的论理论时会认为意向表征的"功能"是去"表征"或者"指示"某物。但这种说法很容易导

---

[1] Millikan R. Varieties of Meaning : The 2002 Jean Nicod Lectures. Cambridge: The MIT Press, 2004: 66.

致一些误解。因为这里说的事物的功能就是事物所具有的结果，即事物已经被选择来引起的结果，而不是其原因。任何一个遗传特性都是为了它所具有的某种结果才通过自然选择或者学习而被选择的。比如，自然信息是由自然信号所携带的。所以，要表征就要成为一个自然信号。但是，成为一个自然信号不可能是一个意向表征的功能。因为，一个意向表征不可能引起自身成为一个自然信号或者引起自身指示某物，即它不可能引起自身已经被某物引起。比如，在青蛙眼中虫子探测器的激活的案例中，已经被一只虫子引起不可能成为这个激活的功能。信息的目的论语义学解决这个问题主要是通过说明一个意向表征何以成为基本表征，其具体操作主要有以下三种策略。一是认为产生意向表征的装置的功能就是产生基本表征（无论你认为基本表征是什么）。比如，德雷斯基把自然信号作为基本表征，那他就认为，产生意向表征的系统的功能就是产生自然信号。意向表征就是有目的地被产生的自然信号。二是认为意向表征的功能就是产生某种结果，这种结果追溯式的使意向表征成为一个基本表征。这样基本表征就是通过其结果定义的，就像不治之症是有其结果定义的那样。三是认为如果产生或者使用意向表征的系统执行任务，那么这个系统就是被设计凭借其一般机制来执行任务的，这样意向表征就是基本表征（无论这个基本表征被认为是什么）。米利肯采取的是第三种策略，因此她把局部自然信号作为基本表征，即意向表征就是局部自然信号。意向信号的界定无需诉诸意向信号产生者的功能，而是被设计来对其消费者产生某种影响的，这里说的消费者是指使用意向信号的有机体或其部分。

　　根据上述分析，我们可以看出，以信息为基础的内容理论和目的论之间存在一种依赖关系，前者必然导向后者，而后者要以前者为基础才能发挥效用。当笔者说到信息语义学时，实际上指的就是一切以信息为基础和出发点、以目的论为归宿、为说明内容而创立的自然化理论，它包括德雷斯基、博格丹、米利肯和福多等阐述的内容理论。信息语义学面临的问题，如错误表征问题实际上是这些理论共同面临的问题。因此，在随后章节中考察一种内容理论并指出它所面临的问题时，这个问题往往是所有信息语义理论面临的共同问题。

第四章
德雷斯基的内容理论与错误表征

德雷斯基是当代哲学中的信息哲学家[①]。他建立了第一个以信息为基础的自然主义的内容理论，并对随后的信息语义理论产生了广泛影响。福多、博格丹和米利肯都曾明确表示其思想受到德雷斯基的影响。德雷斯基于1981年出版的《知识与信息流》试图构建一个知识的信息理论，以解决知识论中的一些问题。德雷斯基像以往的很多人一样，发现了信息和知识之间的联系，他同样认为信息能够产生知识。但他同时也主张，知识就是由信息引起的信念。在这里，德雷斯基确实是从知识或者语义角度界定信息的，但是我们不能说他是根据知识来定义信息的，否则这就陷入了循环论证。德雷斯基建立的信息语义理论的一个显著特征就在于，他的理论是从信息的通信理论起步的，并且通过对通信理论的适当改造，将信息量和信息内容这两个既存在明显不同又具有紧密联系的方面清晰地呈现在人们面前。德雷斯基在信息的数量和内容、信息的数学理论和信息的语义理论之间搭建了一座桥梁[②]。如果说卡尔纳普率先发现了信息量和信息内容之间存在区别的话，那么德雷斯基则更进一步：他找到了这两者之间的联系，从而使一个在形式方面比较完整的信息概念被构造出来。因此笔者认为，在德雷斯基这里，信息就是信息量和信息内容的复合体。虽然德雷斯基本人并没有明确地表达出这个一观点，但这一点明显贯穿于他的信息语义学的始

[①] Bogdan R J. Information and semantic cognition: an ontological account. Mind and Language, 1988, (3): 81-122.

[②] 当然，笔者并不认为德雷斯基对这座桥梁的设计是完全没有问题的。事实上，他的信息语义学一经创立就面临着众多责难。特别是有人认为他对通信理论的改造已经背离了该理论的原则。参见 Bogdan R J. Information and semantic cognition: an ontological account. Mind and Language, 1988, (3): 81-122.

终。德雷斯基并没有直接将自己的理论称作信息语义学，而是称作信息的语义理论（semantic theory of information）。信息语义学是福多对自己和德雷斯基等的内容理论的称呼，在本书随后的论述中，为了与其他人的信息语义学作出区别，仍将德雷斯基的内容理论称作信息的语义理论。

第一节　通信理论的适当改造

申农的通信理论第一次对信息是什么作出了回答，尽管这种回答并不能令人满意，但它却为以后的信息论研究——无论是科学的还是哲学的——奠定了基础。迄今为止，哲学中已经出现过多次尝试，试图把语义添加到信息理论当中，这些尝试大体上或者直接根据申农的通信理论起步，或者至少与之保持一定的关系[1]。因此，理解通信理论至少可以看作是理解信息语义理论的必要条件。

申农的信息理论在现代通信技术中得到了广泛应用，广播、电视、远程通信都在不断地对通信理论进行着验证。通信的数学理论试图根据不确定性的降低来度量一个消息的信息内容，而信息就是可能性的降低和不确定性的减少。申农的通信理论中有两个显著的特点不利于我们用信息来说明意义。首先，通信理论关注的是整体而非个体，它的关注点在于作为一个整体的通信过程，而不是该过程中某一个具体的事件。其次，通信理论关注的是信息的数量而非内容。这与我们用信息说明意义的目的是相违背的。因为一个信源中会同时发生多个事件，并由此产生众多不同的信息。通信理论把这些不同的信息作为一个整体来考察，量度的是这些信息的总信息量和平均信息量。但对意义和内容的说明则不能这样，因为信息量可以任意平均，但意义和内容则无法平均。比如，你在一边开车一边接听电话，这时你看到红灯亮了和你听到妻子让你返回去接她这两个信号（事件）都会产生一个信息量。这两个信息量可以平均，但是这两个信号携带的内容则无法平均。这是从通信理论出发，借助其信息概念来说明意义所要破解的第一个难题。

自申农之后，在维纳、哈特利（Hartley）等的通信理论中，信息传输、信息量和信息内容是混淆在一起的。巴希尔是第一个意识到这一问题的哲学家，

---

[1] 对语义信息理论的研究还常常会诉诸形式逻辑的方法，因为人们发现信息与推理、演绎和决策相关。关于这样一些研究可以参见巴希尔、科尔纳普及弗洛里迪等的著作。

并且他力图对之作出改变①。在1952年他和卡尔纳普共同发表的《关于一个语义信息理论的一个大纲》中,开篇就宣称:"信息概念和信息量是有区别的……因此我们要把信息(内容)和信息量区别开来。"②他还指出:"对某一陈述的传输这个事件和由该陈述所表达的这个事件通常是完全不同的事件……语义信息这个概念在本质上与通信无关。"③巴希尔和卡尔纳普建立了第一个语义信息理论。他们的理论借鉴了通信理论的一些方法和概念,但其主要的根据并不是通信理论而是归纳逻辑和归纳概率。而且他们的理论并不是自然主义的,因此本书不将其作为一个重点来研究。此后,如麦基(MacKay)等已逐渐意识到信息量和信息内容的区别:"这里的麻烦主要是由于信息概念和信息内容概念的混淆,即一个事件和该事件的度量的混淆。通信工程师们根本就没有给出一个信息概念。他们给出的理论明显只涉及消息的一个特性或者方面。"④德雷斯基在1981年为说明知识而建立的信息语义学,使他成为在认识到信息量和信息内容之间区别的基础上,在它们之间建立起联系的第一个哲学家。

德雷斯基对信息(并因此对知识)的说明是以申农的通信理论为出发点的。但在第一节已经提到过,通信理论有两个不利于建立信息语义理论的特性。有鉴于此,德雷斯基对通信理论进行了适当的改造。

在德雷斯基看来,申农的通信理论之所以不能处理语义问题的一个原因就在于,意义是与特殊的、个别的消息相对应的,而通信理论则是与这些消息的(平均)信息量相对应的。所以,要解决知识、内容、意义的问题,就必须使通信理论能够处理特殊信号的信息。"如果信息理论要告诉我们关于诸信号的信息内容的什么东西的话,它就必须放弃它对平均数的关注,并且告诉我们关于包含在诸特定消息和特定信号中的那个信息的某些东西。因为,只有诸特定消息和特定信号才有内容。"⑤为此,德雷斯基将关注点放在了信源处某个特定事件上,如s_a的发生所产生的信息量上(公式4.1),而不再像通常那样关注信源的平均信息量$I(S)$(公式4.2)。德雷斯基的基本公式是

$$I(S_a) = \log \frac{1}{p(S_a)} \quad (4.1)$$

---

① 参见 Bar-Hillel Y. An examination of information theory. Philosophy of Science, 1955, 22(2): 86-105.
② 参见 Carnap R, Bar-Hillel Y. An Outline of a Theory of Semantic Information. RLE Technical Reports 247. Research Laboratory of Electronics, Massachusetts Institute of Technology, 1952.
③ 参见 Bar-Hillel Y. An examination of information theory. Philosophy of Science, 1955, 22(2): 85.
④ MacKay D M. Information: Mechanism and Meaning. Cambridge: The MIT Press, 1969: 56.
⑤ Dretske F. Knowledge and the Flow of Information. Oxford: Basil Blackwell, 1981: 48.

在这里关注的重点由信息传输量 $I(S, R)$ 转移到一个"个别的"信息传输量 $I(s_a, r_a)$，即由一个特定信号 r_a 所携带的关于 s_a 的信息量。为此，德雷斯基提出了一个新的计算式

$$I(s_a, r_a) = I(s_a) - E(r_a) \tag{4.2}$$

德雷斯基认为，上面这两个公式是他对通信理论进行改造所获得的最重要的东西，是从通信理论迈向信息的语义理论的关键一步。为了不至于使人觉得他误解了申农的通信理论，他曾专门对这个改造作出说明："应当强调（但愿能够让那些指责我误传或者误解了通信理论的人明白），通过一种诠释之后，上面的公式现在已经被赋予了一种重要的意义，而这种意义是它们在通信理论的标准应用中所不具有的。它们现在被用来定义与诸特殊事件或者特殊信号联系在一起的这个信息量。这样一种诠释，相异于（但我主张，完全一致于）这些公式的传统应用。"① 与个别事件或者特定信号（状态）联系在一起的信息量由此获得了界定。如果意义、内容总是与个别事件联系在一起的，那么现在有了与个别事件联系在一起的各种信息量的计算方法，这至少从形式上看来离我们用信息说明意义的目标接近了一步。但现在还存在着另外一个似乎无法解决的难题，那就是通信理论是数量的，而内容理论则不是。单独看来，我们似乎不可能领会一个 3 比特的信息量中蕴含什么样的信息内容。况且，即便我们掌握了计算个别信息量的方法，但要将这种方法付诸应用并计算出实际的数值，却似乎是一个不可能的任务。

德雷斯基通过以下几个步骤来化解这个难题。首先，用信息的观点来看待世界，使通信理论的原则能够摆脱数学模型的局限。通信理论把信息（量）看作是可能性的降低和不确定性的减少。为了适应通信理论的这一原则，德雷斯基对事件、状态、事态作出了模态的解释。"孤立来看，任何情境都可以被看作是信息的产生者。一旦某些东西发生，我们就能够把已经发生的看作是原本可能会发生的向实际上已经发生的东西的减少，并且能够获得与此结果联系在一起的信息量的相应量度。"② 比如，"我去散步"这一事件可以看作是我原本可能会去做的其他事件（我去游泳、我去上课、我去购物等）向我现在正在做的这个事件（即我去散步）的减少。这样世界上的一切过程都可以用信息论的观点来加以描述，并在理论上具备了计算的可能性。其次，发现并阐明信息量与信息内容之间存在的关系。通信理论主要关注信号携带的内容有多少，而忽视了信号携带的内容是什么，在此意义上申农说信息的语义方面与工程问题无关确

---

① Dretske F. Knowledge and the Flow of Information. Oxford: Basil Blackwell Publisher, 1981: 52.
② Dretske F. Knowledge and the Flow of Information. Oxford: Basil Blackwell Publisher, 1981: 14.

实是正确的。但是，申农没有注意到，通信理论在说明信号能够携带多少信息的同时为该信号能够携带什么信息施加了一个限制。德雷斯基认为，信号的信息量与信息内容之间的关系，就类似于桶的容量与桶里所装的东西之间的关系。测量桶的容量不会准确地告诉我们桶里装的是什么，但它却能够在一定程度上向我们透露桶中所装的东西（内容）。最后，发现公式（4.1）和（4.2）的新用途：进行信息量之间的比较而不计算其准确的数值。德雷斯基认为，恰当地利用公式（4.1）和（4.2）是理解信息内容的关键。通信理论可以根据这两个公式计算出与一个特定事件联系在一起的信息量，那是因为在通信的工程应用中，与该事件的发生联系在一起的概率是可以准确确定的。但是在信息传输的大多数通常情况下情况并非如此。所以，在通常情况下计算出与一个特定事件的发生联系在一起的信息量似乎是不可能的。因为在实际情况下，我们无法把所有的变量都把握到。比如，我们如何计算"小王去打球"这件事所产生的信息量呢？其中至少有以下这些东西是我们难以把握的：①可选择性概率（如小王去打球，小王去游泳等）；②同所有这些可选择性概率相关的可能性；③每种可选择性概率的条件概率。这些似乎是无法解决的难题。但是，德雷斯基指出，就我们的目的和用途来说，无需对这个公式进行精确的计算。我们所需要的只是一种比较。我们不需要知道 s 中一个事件（s_a）的发生产生了多少信息量，也不需要知道 r 中的特殊事件（r_a）携带了多少有关 s_a 的信息量，而只需要知道 r_a 携带的信息量是否同 s_a 产生的信息量一样多。也就是说，我们所要关注的，只是 E 是否为 0。如果同一事件 r_a 的发生相关的 E 是 0 的话，那么该信号所携带的信息量就与信息源中（s_a）产生的信息量一样多。这种比较对构建整个信息语义理论都至关重要。通过它我们就可以对一个信号的信息内容进行说明，而不必理会主体到底接收到多大数量的信息。也就是说，我们所要关注的，只是主体接收到的信息是否同他想要知道的那个事件产生的信息一样多。而要想使这两个量一样多，根据公式（4.2），E 就必须为 0，即该事件发生的条件概率为 1。德雷斯基表达了类似的思想："如果 s 之作为 F 的条件概率（如果 r 一定）为 1，那么这个信号的模糊必定为 0，而且这个信号携带的关于 s 的信息 $I_s(r)$，必定等于 s 之作为 F 所产生的信息 $I(s_F)$。"[1] 但在德雷斯基看来，我们根本没有必要精确计算出这些数值，而只需要利用这个公式来作出某种比较。"这两个公式能够被用来进行比较，特别是进行以下两者之间的比较，即由一个事件的发生所产生的这个信息量和一个信号所携带的关于该事件的这个信息量两者之间的比

---

[1] Dretske F. Knowledge and the Flow of Information. Oxford: Basil Blackwell, 1981: 65.

较。无须确定每个量值（magnitude）的绝对值，就能够进行这样一些比较。"[1]通过这样一个比较，德雷斯基就在信息的数量和内容之间建立了联系进而使信息语义学的建立成为可能，至于他如何具体来完成这项工作会在本书的后面提到。

第二节 信息的语义理论

德雷斯基通过对通信理论的改造在信息量和信息内容之间建立起了一种联系，这使人们看到用信息量说明信息内容是可能的（但现在还仅仅是一种可能）。对整个信息语义学战略来说，这是关键的一步，但在迈出这一步之后，我们发现我们离用信息说明意义的目标还相去甚远。因为除了信息内容和信息量的上述联系以外，信息能否真正被用于说明内容，乃至最终说明意义，还要看信息所具有的其他一些属性。换言之，如果信息能够用于心灵的自然化战略，那么它就必须具备自然主义的属性。对这些属性的考察，我们留待以后进行，现在先来了解德雷斯基如何进行他的第二步工作，即界定信息内容，并进而通过信息内容说明语义内容。

一、对信息内容的界定

我们已经掌握了用信息量说明信息内容的方法，现在我们就来看如何具体考察，如何用信息的数量来说明信息的内容。一个信号的信息内容就是这个信号所携带的消息。而一个消息携带多少信息，不是由这个消息的接收者所决定的。当一个消息被接收到之后，它携带着多少信息，完全是由信源处存在的一些实际可能性和这些不同可能性的条件概率所决定的。此外，包含在一个信号中的信息，也不依赖于这个接收者实际上正在从该信号中获悉什么东西。比如，两个人在看同一张英文报纸上的同一篇文章，但两人中只有一个人懂英语，那么这篇文章中包含的信息并不会因这两个人从中获悉的东西不同而有所改变。

我们通过信息的传输来说明信息内容。通信理论已经告诉我们，一个事件的发生会产生信息，而产生多少信息则是由这个事件发生的可能性决定的。一个事件越有可能发生，那么它产生的信息就越少；相反，它发生的可能性越小，

---

[1] Dretske F. Knowledge and the Flow of Information. Oxford: Basil Blackwell, 1981: 54.

它产生的信息就越多。例如，通过某种程序从8个人中选举出1个人所产生的信息就会多于从4个人中选举出1个人所产生的信息。当然，被产生的信息多少还牵涉到对事件进行分类的方式。在信息论中有多种不同的方式用以量度信息。德雷斯基所采用的是申农所创立的通过比特来量度信息的方法。按照这种方法，8个人中选举出1个人，比如，赫尔曼被选中这个事件所产生的信息就等于3比特。现在要把赫尔曼被选中这个消息写在一张纸上传递给其他人，如老板，那么这张纸就相当于一个携带着信息的信号。当老板看到这张纸，即接收到这个信号时，他就获取了这个信号携带的信息内容。那么从信息的角度来说，这个看似简单的过程是如何完成的呢？了解了这个过程，也就了解了什么是信息内容。

把一个消息传达到目的地就像是怀孕——要么有，要么无。在涉及信息量时，会有量的差异。说在信源产生的信息40%或者100%到达了接收者那里，这是讲得通的。但是，如果涉及这个消息本身，即涉及附加在这些量当中的内容，那么这个信息内容要么完全被传输，要么完全未被传输。在谈论内容时，说天正在下雨这一信息被传输了99%，这是讲不通的。所以一个信息内容被传输首先必须要有数量上的保障。如果一个信号携带着有关 s 是 F 的信息，那么该信号携带的关于 s 的信息，必须同 s 之作为 F 产生的信息一样多。比如，如果 s 作为一种特殊的颜色出现产生了2比特的信息，那么，除非一个信号携带2比特的信息，它才能携带有关 s 是一种特殊颜色（如红色）的信息。但是仅有数量的保障是不够的。因为即使这个条件具备了，也不能断定 s 就是 F。s 之作为 G 所产生的信息量也有可能与该信号携带的信息量一样多。一个信号完全有可能携带同 s 之作为 F 同样多的信息，但不携带有关 s 是 F 的信息。比如，上面事例中的信号携带了2比特有关 s 的颜色的信息，但并不携带 s 是红色的信息。因为对于 s 是蓝色来说，信号同样可以携带2比特关于 s 的颜色的信息。

但是，即使上面两个条件同时满足了，仍然不能确定信息的内容是什么。因为信息源 s 中还有其他事件的发生也有可能产生同样数量的信息量。比如，假定 s 是一个红色的五角星。s 之成为红色这一事件产生了3比特的信息量，同时它作为五角星出现也产生了3比特的信息量。这样，一个信号可以携带着有关 s 是五角星这一信息，而不携带 s 是红色这一信息。在这种情况下，信号携带的有关 s 的信息，同 s 之作为红色所产生的信息一样多，而且 s 是红色，但是信号却没有携带 s 是红色这一信息。因此还需要这个信号必须携带着正确的信息：信号携带的关于 s 的信息量就是由 s 之作为 F 所产生的那个量。这个条件保证了信号携带的关于 s 的量与 s 之作为 F 所产生的那个量不仅在数量上是相等的，而且在质上具有同一性。

综合上面三个条件，我们可以对信息内容作出如下定义：

一个信号 r 携带 s 是 F 这一信息 = 如果 r（而且 k）一定，s 之作为 F 的这个条件概率为 1（但是，如果只有 k 一定，其条件概率则小于 1）。

这个定义中 k 代表着接收者已经知道信息源中存在的可能性。比如，如果一个人知道 s 或者是红色，或者是白色的话，现在有一个信号消除了 s 是红色的可能性（即可能性降至 0），那么该信号也就同时携带了 s 是蓝色的信息（因为他将这种概率从 0.5 增加到 1）。

二、德雷斯基的内容理论

第二章已经简单涉及了德雷斯基的内容理论，它使我们笼统地了解到主体是如何通过学习获得原始概念，进而领会意义的。但实际上在这个过程中还涉及一系列复杂的表征和转换过程。因为学习者通过接触大量信息最初所形成的内在结构还只是信息结构（与之相应的是信息内容），必须经过主体的表征和转化之后才会形成语义结构，进而使主体获得语义内容。一个结构的语义内容和该结构所携带的信息之间存在着紧密联系。具体而言，一个结构 S 要把 t 是 F 这一事实作为其语义内容就等于：S 以完全数字化的形式携带 t 是 F 这一信息。我们先解释数字化，然后再解释完全数字化。众所周知，信息必须以某种编码的形式被一个结构（或者状态、信号）所携带。这里说的"某种的编码形式"一般分为两种：一是模拟编码的形式；二是数字编码的形式。可以说，当且仅当一个信号没有携带关于 t 的额外信息，即除了被套叠在 t 是 F 当中的信息之外不携带别的信息时，这个信号才以数字形式携带 t 是 F 这条信息。与此相反，如果这个信号携带关于 t 的额外信息，即携带了未被套叠在 t 是 F 当中的信息，那么这个信号就是以模拟形式携带这个信息。比如，一个命题"杯子里有水"就是以数字形式编码了杯子里有水这一信息，在这个信息之内还套叠有如下信息：比如，杯子里的东西可以喝，杯子里的东西会结冰，杯子里有 H_2O 等。后面的这些信息分析地或者合法则地套叠在前一条信息当中，但除此之外它不再携带别的信息。但是如果我们通过一张照片来传达同样的这个信息，那么除了上述信息之外，这张照片还可能会传达出别的信息，如杯子的大小、颜色、位置、水的多少等。这就是以模拟形式携带的信息。一个结构携带的信息要成为语义信息，首先要求该结构必须以数字形式携带这个信息。因为语义内容总是具有唯一性，而以模拟形式携带的信息不可能满足这种唯一性。所以，一个结构把t是F作为其语义内容，首先就要求它以数字形式而不能以模拟形式携带t是F这一信息，但即便满足了这个条件，该结构携带的信息除了t是F之外，还会有众多套叠在t是F这一信息之内的其他信息，如t是G, t是H, t是K等。

怎样才能保证让t是F成为这个结构的语义内容呢？也就是说，语义内容和信息内容仍然是不同的。能够成为一个结构的信息内容只是成为该结构语义内容的必要条件。一个结构的语义内容是唯一的，而其信息内容则不是唯一的。这就涉及所谓"完全的数字化"。只有一个结构同时只以数字化方式携带一条信息时，也就是说，一个结构的信息内容中同时只有一个成分以数字形式被编码时，这条信息的内容才成为这个结构的语义内容。德雷斯基把这样的信息称作一个结构"以完全数字化形式"携带的信息。我们把S的语义内容等同于S以数字形式携带的那条信息，实际上就是把S的语义内容等同于它的最外层信息壳。被S携带的其他信息都套叠在这个信息壳当中。换句话说，正是t是F这一信息以完全数字化形式得到了编码，我们才具有了心理内容——t是F，而套叠在t是F当中的其他信息则没有这个机会。这就是为什么文盲不能从文字中获得的语义内容。文盲没有知觉缺陷（能够看），但在内在结构上有缺陷。

在德雷斯基这里，心理内容实际上是包括依次渐进的三个部分，即信息内容、语义内容和信念内容。其中信息内容是基础，相对后两者而言是粗内容，通过心灵的某种机制，信息内容可以转化为语义内容和信念内容。除了上面通过完全数字化方式所产生的语义内容之外，德雷斯基还说明了信念内容是如何产生的。这个说明主要分为以下三个步骤。

第一，对意向性划分等阶。德雷斯基将意向性划分为三个等阶。如果（a）所有F都是G，而且（b）S具有内容t是F，而且（c）S不具有内容t是G，那么内容状态S就呈现出一阶意向性。如果（a）所有F都是G在分析上或者法则上都是必然的，而且（b）S具有内容t是F，而且（c）S不具有内容t是G，那么内容状态S就呈现出三阶意向性。按照这种划分，信息状态只呈现出第一阶的意向性，而信念状态则呈现出第三阶的意向性。如果神经状态r之作为N携带t是F这一信息，那么它也会携带q这一信息（q是由t是F这一命题合法则地或者分析地蕴含的任何一个命题）。而且r之作为N还可以携带着合法则地蕴含着t是F的信息。但是，一个人完全可以相信t是F，而无须相信蕴含t是F或者被t是F蕴含的命题。德雷斯基以此来说明，信息内容是粗的，而信念内容是细的。通过这种划分，德雷斯基把一个信念的语义内容和该信念信息内容的其余部分区别开来。"结构 S 将 t 是 F 这一事实作为它的语义内容=（a）S 携带 t 是 F 这一信息，而且（b）S 不携带其他条信息 r 是 G，而 r 是 G 使得 t 是 F 这一信息（合法则地或者分析地）被套叠在 r 之作为 G 当中。"①

第二，通过设定学习阶段来说明错误表征。信念内容不能等同于信息内容的另一个原因在于信念内容可错，而信息内容必须为真，所以要完成从信息内容到信念内容的跳跃就必须说明错误是如何在信息过程中出现的，即是要说明错误表征。德雷斯基对错误表征的说明可以划分为两个明显的阶段。一是在《知识与信息流》中利用学习阶段来说明，当这种说明受到广泛质疑之后，他又在《错误表征》《解释行为》等著作中提出了另一种主要依据目的论的说明（详见第四章第三节）。

第三，德雷斯基把信念描述为"在一个系统的功能组织中占有一个执行办公室的语义结构。除非一个结构占有这个执行办公室，否则它就不会有资格成为一个信念"②。对信念的这个说明明显带有功能主义的性质，但他并没有非常明确地把信念状态在行为因果性中的作用与其他神经状态的作用区别开来。德雷斯基只是通过强调内容的信息论说明与信念在导致行动中的作用之间的关系来表明信念与语义结构之间的关系。如果休谟撑起伞，那是因为他相信天下雨了。休谟的行动部分地是由他的信念具有特定的信息内容，即天下雨了所决定的。巴里·洛伊对德雷斯基关于信念的说明进行了比较恰当的概括："如果存在有 A 的一个神经状态 G（r）使得（a）G（r）在 A 的功能组织中占有适当的执行办公室，而且（b）在 G（r）的学习阶段结束时，G（r）具有 x 是 F 这一语义内容，那么 A 就相信 x 是 F。"③

第三节　德雷斯基对错误表征的说明

在《知识与信息流》中，德雷斯基涉及错误表征问题主要是为了说明信息内容如何成为信念内容。信念内容不能够简单地等同于信息内容，因为信念能

---

① Dretske F. Knowledge and the Flow of Information. Oxford：Basil Blackwell, 1981. 177
② Dretske F. Knowledge and the Flow of Information. Oxford：Basil Blackwell, 1981：198.
③ Loewer B. From information to intentionality. Synthese, 1987,（70）：287-317.

够为假，而信息内容则必定为真。所以要把信息内容转化为信念内容就必须容许错误表征的出现。德雷斯基为错误表征提供可能的方法是通过设定一个学习阶段。

"假定在时段 L 期间，一个系统接触到各种各样的信号，其中有些信号包含某些事物是 F 这一信息，有些信号包含另一些事物不是 F 这一信息。这个系统有能力以模拟形式收集并编码这个信息（例如，给予它一个知觉表征），但是，在 L 初期时，它没有能力数字化这个信息。此外假定，在 L 期间，这个系统发展出了对某物是 F 这一信息进行数字化的一种方式：有选择地敏感于 s 是 F 这一信息的、某一类型的内部状态演化出来。作为对这一系列承载信息的信号的反应，这个语义结构在 L 期间发展出来（大概通过某种形式的训练或者反馈的帮助）。一旦这个结构被发展出来，可以说，它就获得了它自己的存在方式，而且有能力将其语义内容（它在 L 期间获得的内容）赋予其并发的诸个例（这个结构类型的特殊实例），而无论这些并发个例（subsequent tokens）是否真的将此作为其语义内容。简言之，这个结构类型，从导致其发展成一个认知结构的这种信息中获得其意义。"①

在此德雷斯基说明错误表征主要是通过作出了两类区分，即概念学习阶段和概念使用阶段的区分，以及结构类型和结构个例之间的区分。个体在学习期间通过大量接触相关信息，会形成一个特定的语义结构（概念），而一旦这个结构被发展出来，它也就获得了它自己的存在方式，而且有能力将其语义内容（它在学习期间获得的内容）赋予它的一些并发个例。简言之，结构类型通过接触信息获得其意义，而这个结构类型的并发个例，并不接触信息，而只是从这个类型中获得其意义。所以结构类型的并发个例能够具有命题内容，但却不携带与这个内容相关的信息。这样，在 s 是 F 这一信息实际上没有出现时，主体由于结构个例仍然会具有 s 是 F 这样的语义内容，而且如果事实上 s 不是 F，那么主体就会错误地相信 s 是 F，于是错误表征就出现了。比如，一个儿童学习红这个概念，那么在学习阶段，对于不同的对象 x，这名儿童不但要接触到大量的携带 x 是红色这一信息的信号，而且还要接触到大量的携带 x 不是红色这一信息的信号。德雷斯基把学习阶段的这个情境看作是学习这个概念的最优情境。比如，在这个事例中，这个最优情境的要求可能是对象完全可见、光照正常等。在这个学习阶段结束时，这名儿童可能会形成一个语义结构 G(r)，这个结构可靠地具有 x 是红色这一语义内容。在学习阶段结束前，G(r) 的所有个例都应

---

① Dretske F. Knowledge and the Flow of Information. Oxford: Basil Blackwell, 1981: 193.

具有 x 是红色这一语义内容。但是到了学习阶段结束后,某些东西可能会触发 r 成为 G,即便 x 不是红色。这就是错误表征的一个案例。当然,G(r)的特殊个例并不携带 x 是红色这一信息(因为 x 不是红色),但是信念内容则是 x 是红色。这个特殊个例归根结底是从学习阶段发生的那些个例中继承到这个信念内容的。

但是,德雷斯基利用学习阶段对错误表征的说明受到了多方质疑。比如,如何在实际上划分概念学习阶段与概念使用阶段之间的界限是不清楚的。因此德雷斯基在随后对错误表征作出了一些新的说明。

这主要表现在他于1986年发表的《错误表征》一文当中,在该文中德雷斯基不再试图对信念内容进行还原,而是意图在不借助任何语义和意向观念的条件下说明一个状态何以可能错误表征。其实质在于,认为一个大脑状态或者有机体的其他内在状态所表征的东西是由该状态被设计要携带的信息所决定的。在这里,德雷斯基为了说明表征内容引入了目的论因素。德雷斯基承认,诉求功能、目的论等范畴说明意向性及错误表征的本质不是他的首创,因为福多、米利肯等都已做了大量开创性的工作。不过他自认为,他的工作有自己的特点。那就是他试图"通过结构在发展中所携带的信息来定义那结构的语义内容,进而在对信念的分析中阐发功能观念"①。这种阐发既借助了别人的因果论、目的论、功能论思想,又有自己的发展,那就是补充了信息论的方面。

德雷斯基对于错误表征的认识与之前在《知识与信息流》中的认识相比,有了较大改变。在这里,德雷斯基认为错误表征是比正确表征更深刻的一个问题,并将错误表征问题上升到意义或者意向性问题的一个部分的高度来理解。他认为,系统所具有的表征能力,一部分是系统自身所具有的,即非派生的,另一部分则是源自于其他表征系统的,即派生的。因此从根本上而言,对错误表征的说明应主要围绕那些非派生的表征能力。一个系统具有非派生的表征能力也就是说它无需人的解释就能够意指某些东西,具有这种能力的系统就是那些自然发生的信号。"自然发生的信号意指某些东西,而无需我们的帮助。"②因此可以说德雷斯基对错误表征的说明是从说明自然信号起步的。

自然信号意指某些东西的能力是由某种客观限制或者该信号与构成其意义的条件之间的符合规律的关系所决定的。自然信号虽然能够意指某些东西,并因此(在此意义上)能够表征某些东西,但它们却不能够错误表征任何东西。

---

① Dretske F. Knowledge and the Flow of Information. Oxford: Basil Blackwell, 1981: 28.
② Dretske F. Misrepresentation//Bogdan R J. Belief: Form, Content and Function. Oxford: Clarendon Press, 1986: 18.

换言之，自然信号或者正确表征，或者不表征，但不会错误表征。例如，汤姆脸上的斑点能够意指汤姆有麻疹，但只有汤姆有麻疹时，这些斑点才能够意指这个。德雷斯基认为格赖斯对自然意义（自然意指）和非自然意义（非自然意指）的区分表达的正是这个意思。自然意义是指某个自然信号的标记在仅当P的时候意指P，而非自然意义则是指一个信号能够在P为假的时候意指P。因此他特别借助格里斯的自然意义来说明错误表征。例如，如果门外没有人，那么门铃响起就不能自然意指有人在门外。

但是，自然信号除了自然意指的东西之外，还可以意指别的东西。换言之，自然信号即便不能自然意指，但在别的意义上，它仍然能够意指。德雷斯基认为功能意指就是自然意指之外的一种意指方式。"如果d之作为G通常是w之作为F的一个自然信号，如果这就是它通常所自然意指的，那么在某种意义上，如果指示w的状态是d的功能的话，那么无论w是不是F，它都意指这。我们称这种意义为功能意义。"[①] 因此功能意义可以用下述等式表示：

> d之作为G功能意指w是F=d的功能在于指示w的条件，而且它执行此功能部分地是通过指示d之作为G来指示w是F。

上述对功能意义的表述认为，如果在r正确发挥功能的时候，G(r)携带w是F这一信息，那么G(r)就在功能上意指w是F。换言之，在r不能够正确发挥功能的时候，错误表征就会出现。既然功能不能够正确发挥，就会出现错误，那么功能意指就能够容许错误表征。例如，即便当时门外没有人，响起的门铃也能够功能意指门外有人。因此，对错误表征的说明就转变成了对功能意指的说明。

根据在《知识与信息流》中的说明，G(r)的内容是由学习期间所获得的相关性所决定的。而根据《错误表征》中的说明，决定着G(r)内容的则是在r正确发挥功能的时候所获得的相关性。因此对表征的自然化也就变成了对功能的自然化。也就是说，德雷斯基的新说明要求r的信息携带功能具有非意向的特性。但是，似乎并不是所有的功能都是客观的。我们把一个结构看作是具有携带某一信息的功能，往往并不是因为这是该结构的一个客观特性，而是因为我们对这个结构的利用。之所以造成这种情况是因为这些功能并不是源表征的（original representation）。所以，对功能的自然化不能笼统地提到功能，而要对功能进行细化和分类。只要我们能够说明所谓的源表征，那么所有的表征就能

[①] Dretske F. Misrepresentation//Bogdan R J. Belief: Form, Content and Function. Oxford: Clarendon Press, 1986: 22.

| 信息与心理内容 |

够得到说明。

功能的分类多种多样，但是根据我们的需要，按照是否有人的目的和解释参与其中，可将功能分为被设计的功能和自然功能。因为当存在有被人工设计的功能时，功能意义会随人的目的而改变，所以能够用来对表征及错误表征进行自然化说明的只能是自然功能。那么那些系统中存在自然功能呢？德雷斯基认为存在自然功能的一个最明显的地方就是生物系统。有机体是寻找源表征的自然场所。生物系统具有自然演化出来不同的器官、机制和过程（各种结构），这是因为它们在物种对环境的适应中发挥了至关重要的作用，即收集信息的作用。信息收集的功能在多数情况下对于生物需要的满足都是必不可少的。如果一个系统所处的状态能够充当外在条件或者其他内在条件的自然信号，那么这个系统就具有信息收集的功能。这个系统的某个状态作为自然信号可以自然意指其环境中的某些东西，因此功能意指和自然意指在生物系统中是重合的。根据功能意义的定义，该状态功能意指的东西由以下两个因素决定：①这个系统要指示的功能是什么；②能够使系统执行此功能的这些状态的自然意义。德雷斯基选择著名的海底细菌案例来说明这一点。用海底细菌说明错误表征并非德雷斯基首创，之所以选择这个案例是因为海底细菌是具有原始意向能力的简单有机体，用它足以说明问题，又避免过多麻烦。海底细菌有一种磁体，它的功能像指南针，可以对它们的行为作出校准，让它们与地球磁场保持平衡。因为这些磁力线在北极总是倾向于向下，而在南极倾向于向上，所以北极的海底细菌借助内在磁体的定向作用，总是让自己朝向北极，磁倾性的生存价值尽管不太明显，但可以假设，它的功能就是让海底细菌不游向水面。因为它的自然功能本来是让它与磁场保持平衡，而这种磁场正好是少氧的海底，所以这种磁体的功能意义在正常情况下就是让细菌远离多氧的水面。可以认为，海底细菌为了生存就需要避免多氧水，磁体的功能就是携带关于多氧水方位的信息，而且只有这些功能能够探测多氧水的方位，磁体才会被进化出来。但是如果把一块条状磁铁的南磁极放在海底细菌附近，那么海底细菌就会向上移动，游向多氧水的方向。这时，海底细菌就对多氧水的方位作出了错误表征。

在对错误表征作出上述说明之后，德雷斯基还对该说明可能遇到的一些反对意见进行了答复。首先，一个系统有能力错误表征它对之并没有生物需要的某种东西。如果O并不需要或者需要避免F，那么根据上述说明，随F的出现而改变就不可能成为O的任一认知系统的自然功能，因此也就不可能错误表征F。某个内在状态仍然能够自然意指但却不能够功能意指F出现了。如果是它们需要的，如食物这类，对之作出错误表征这不难理解，但它们为什么，又是怎样错误地表征它们不需要，甚至要避免的东西，如它们的捕食者？德雷斯基认为，这可借助进化来说明。因为有机体在进化中发展出了改进、修补自己生物需要的功能，亦即并不把它们的表征或错误表征活动局限于它们的需要对象的范围内。例如，要分辨它们的捕食者，它们就必然会进化出它们的分辨器。而获得这种能力之后，它们就能表征或错误地表征它们所不需要的东西。

其次，也是更为棘手的一个问题是：一个结构通常所携带的信息，以及由该信息所满足的那些需要并不能唯一地确定这个结构的信息携带功能。这被称作是"功能的不确定性"[1]。在上述海底细菌的案例中，我们认为磁体的功能是携带关于多氧水方位的信息。但是我们同样也可以认为，这磁体的功能是携带关于本地磁北极方向的信息。在一般情况下，本地磁北极的方向碰巧与多氧水的方向是相互联系的。如果携带关于本地磁北极方向的信息就是海底细菌磁体的功能的话，那么受到条状磁铁误导的海底细菌就没有错误表征多氧水的方向，因为携带关于多氧水方向的信息根本就不是海底细菌磁条的功能。相反，海底细菌的词条正确地发挥了携带关于本地磁北极方向的信息这一功能。面对功能的不确定性，德雷斯基提出的解决方案是"需要某种原则性的方法来说明一个有机体的自然功能是什么"[2]。在海底细菌的案例中，实际上并没有真正的错误表征，所以德雷斯基通过构造另外一个事例来解决功能的不确定性问题。试考虑一个有机体 O 包含一个结构 r，这使得 G(r) 携带 x 是 F 这一信息，但是与海底细菌的情况不同，在 O 当中有两种方法能够探测 Fs。比如，一个动物能够通过看或者听探测狮子的出现。那么，F 就是作为一头狮子这一属性，s_1 和 s_2 分别是表现为大鬃毛和咆哮声音的临近刺激，而 r 是一个认知结构。当 r 发挥正确功能的时候，s_1 或者 s_2 就会引起 r 处于状态 G 当中。如果不是在正常条件下，错误表征就会出现。比如，有人假扮成一头狮子并且发出咆哮，引起 O 错误地相信一头狮子出现了，但是，这里的问题在于，G(r) 可能并没有错误表征一头狮子出现了，而是正确地表征了近端刺激之一的出现，如咆哮声音的出现。德雷斯基认为，这样讲是站不住脚的，因为 G(r) 并不表征咆哮声音的出现，因为即便在正常条件下它也不携带这个信息。也就是说，当 r 在正常条件下发挥功能的时候，即便没有咆哮声音出现，r 也有可能成为 G。所以，r 之作为 G 并

---

[1] 功能的不确定性是所有目的论语义学都面临的一个难题。它实质上是析取问题在目的论语义学中的特殊表现。随后在考察目的论语义学时，笔者会重新回到这个问题。

[2] Dretske F. Misrepresentation//Bogdan R J. Belief: Form, Content and Function. Oxford: Clarendon Press, 1986: 32.

不表征引起它的任何临近刺激。德雷斯基认为，这就是排除将近端条件作为被表征的东西的一种原则性方法，因此他对错误表征的说明是能够成立的。

但是，对于德雷斯基的上述说明存在一个明显的异议。那就是，有可能 G(r) 表征的不是一头狮子出现了，而是 s_1 或者 s_2 发生了这样一个析取命题。如果是这样的话，那么上述事例同样不能成为一个真正的错误表征的案例，因为 G(r) 正确地表征了 s_1 或者 s_2 发生了。换言之，只要这种可选择性没有被排除，我们就不可能得到一个真正的错误表征的案例。德雷斯基对此的解决办法是赋予有机体一种联想学习（associative learning）的能力。假定 G(r) 最初能够被 s_1 或者 s_2 引起，但是有机体具有一种学习能力，可以把一个新的临近刺激 s_3 与 G(r) 联系在一起。德雷斯基对此的描述是："然而，假定我们拥有具有某种形式的联想学习能力的一个系统。换言之，假定通过在 F 出现时反复地接触到 CS（条件化的刺激），一个变化就发生了。R（并因此回避行为）现在能够单独由 CS 触发。此外，对于在触发 R 以及伴随的避免行为时能够获得这个'被替换'效力的这种刺激，很明显并没有实质的限制。"[1] 由此他认为，在这种情景下，不能够说 r 之作为 G 表征了 s_1 或者 s_2 直到 s_n 这些析取命题中的任何一个，因为能够最终和 r 之作为 G 联系在一起的这些析取命题是无穷的，所以没有其中任何一个能够成为 G(r) 所表征的东西。

---

[1] Dretske F. Misrepresentation//Bogdan R J. Belief: Form, Content and Function. Oxford: Clarendon Press, 1986: 35.

第五章

目的论的内容理论

纯粹的物理自主体的内在状态,作为客观的事实,如何表征它们之外的世界呢?对这一问题的几种最主要的回答都用到了信息概念,如德雷斯基和福多。到20世纪80年代中期,以米利肯、博格丹和帕皮诺为代表的目的论语义学试图用生物功能的概念来解答这一问题。因此,"目的论语义学"同样可以看作是对心理表征的语义属性给出自然主义说明所做的一种尝试。目的论语义学可以看作是进化论在心灵哲学中的应用[1]。内容的目的论理论,即目的论语义学,利用生物功能观念来解释心理表征何以能够具有内容。生物有机体的各个部分之所以被赋予功能,是因为这些功能的执行有利于这些有机体祖先的适应和生存。这些功能是在进化过程中被选择的。这就是为什么心脏的功能是泵血,而不是发出搏动的噪声。功能的生物学观念是目的论的,而且是规范的,它涉及有机体的各个部分应该发挥什么功能,而且允许了错误发挥功能的可能性。因此,产生心理表征的机能将某些真表征的产物作为它们的目的论功能。比如,在一只青蛙用它的舌头捕获一只苍蝇之前,青蛙的视觉系统已经进入了与一只苍蝇的出现相对应的那个表征状态,因为这是青蛙的目的论功能。所以,表征状态的内容源自于产生这些表征状态的有机体的功能。但这种说明似乎无法说明错误表征的问题,因为一个人如何描述生物有机体的功能是不确定的,由这些功能所产生的表征的内容也是不确定的。比如,青蛙的视觉系统所表征的到底是什么?可以是苍蝇,也可以是苍蝇或者蜜蜂,或者只是一个移动的黑点。这被称作功能的确定性问题。功能的确定性问题与析取问题具有类似性,可以看作是析取问题在目的论语义学中的表现形式。德雷斯基、米利肯、帕皮诺等都对此作出过说明。本章主要考察米利肯和博格丹的目的论语义学。米利肯是目的论语义学的创始人,她对德雷斯基的信息概念进行了改造,对错误表征作出了

---

[1] Godfrey-Smith P. Mental representation, naturalism, and teleosemantics//Macdonald G, Papineau D. Teleosemantics: New Philosophical Essays. Oxford: Clarendon Press, 2006: 42-68.

| 信息与心理内容 |

独特的解答。而且她的内容理论详细展现了信息与目的、功能之间的关系，为建立信息语义学提供了一个一般化的模式。本章第一节将介绍米利肯的内容理论。博格丹与德雷斯基所理解的信息同样存在分歧，在对信息作出了本体论的说明之后，他还探讨了从目的论到语义学的转变。此外，博格丹还详细论述了增量信息这一重要概念，这一概念突出了生物信息的特性。对于这两部分内容将分别在第二节和第三节中进行介绍。

第一节　米利肯的内容理论

通常，人们对米利肯的内容理论有多种不同的称呼方法。由于她对目的、功能的侧重，她的内容理论可以被称作目的论语义学。由于她在理论方法上主要采用生物进化论的立场，所以她的内容理论可以被称为生物语义学。本书则采用另外一种表述方法，将她的内容理论称作消费者语义学。要介绍这种语义学，我们必须先了解一些基础性的东西，即专有功能、目的、意向信号、自然信号及米利肯对表征的分类。

一、专有功能

"专有功能"是米利肯的内容理论的一个核心概念。米利肯的主要文献中都提到过"专有功能"这一概念。我们通过一个事例来说明专有功能。比如，人的胃含有乳糖酶，那么胃的专有功能就是把乳糖转化为其他的糖。在米利肯看来，这之所以成为（如我的）胃的专有功能的原因有两个：①我的某些祖先由于把乳糖转化为其他糖而得以生存和再生；②我的祖先同代人中有一些人，他们的胃不含有乳糖酶，所以他们没有留下后代。具有属性 p 的一个对象 O 将引起 F 类型的事件作为其专有功能，当且仅当它满足以下三个条件。

第一，祖先条件。一个对象 O（如我的胃）必须有祖先才能具有专有功能。"祖先"在米利肯那里是一个专业术语，它与我们通常理解的祖先有相近之处，但意思更宽泛。在这里不但个人可以称作其后代的祖先，而且个人的各个部分也可以称作他的后代的类似部分的祖先。比如，我的胃的祖先就是我的祖先的胃。概言之，如果对属性 p 而言一个对象是另一个对象的祖先，那么这两个对

象共同享有属性 p。比如，对包含乳糖酶而言，我的祖先的胃曾含有乳糖酶，而且它是我的胃也含有乳糖酶的原因，因此它是我的胃的祖先。

第二，因果历史条件。为了使一个对象 O 将引起 F 类型的一个事件作为其专有功能，必须要有 O 的很多祖先已经引起了 F 类型的事件，而且这些事件必须有助于 O 的祖先再生类似于 O 的对象，后者最终会产生 O 本身。换言之，O 的很多祖先必须已经经过 F 类型的事件，这些事件反过来有助于导致 O 的出现。此外，由于这些祖先引起了 F 类型的这些事件，所以 O 必定在一个或者多个属性 p 上类似于这些祖先。比如，如果在我的胃的很多祖先（即我的祖先的胃）当中的乳糖酶有助于将乳糖转化为其他糖，而且这种转化反过来又有助于我的祖先及其胃的生存和再生，那么在我的胃中这种转化的因果历史条件就会得到满足。

第三，选择性条件。为了使 O 具有一个专有功能，具有属性 p 的那些事项必须为了什么而得到选择。这里说的得到选择是相对于其他那些不具有属性 p 的事项而言的。不具有 p 的这些事项不能引起 F 类型的事件。在 O 的祖先当中，具有属性 p 的个体必定在与不具有 p 的个体的竞争中获得优势，遗留更多的后代。

二、目的

米利肯认为，某物意指什么与其目的（purpose）有关。一般看来似乎存在这两类不同的目的。比如，当你想要往眼睛中滴入某种药剂时，尽管你努力保持眼睛睁开，但实际上你还是会眨眼。在这里似乎就有两种不同的目的：你的目的是让药剂滴入眼睛，但你眨眼的目的是阻止药剂进入眼睛。人们通常认为这两种目的是相反的目的，其中只有一个目的是真的，即让药剂滴入眼睛。为了区别这两类目的，人们用不同的方法对其进行描述，并为此创造了许多概念，如"真实目的"和"隐喻目的"、"亚人目的"（subpersonal）和"整个人的目的"、"人的目的"和"生物目的"等。但米利肯认为，在这两类不同的目的之间划出一条原则性的界限是不可能的，因为尽管不同的目的之间具有一些差别，但"在某种单一的含义上"它们是完全相同的，即所有的目的都是"自然目的"。人们之所以觉得会有一个"真实的目的"，主要是因为这个目的是在心理上得到了表征的目的。这个目的表征了其自身实现的条件。心理表征要表征它自己的目的，一个前提条件是它已经具有了他要表征的目的，后面的这个目的源自于不同的选择层次。明显的欲望和意向作为心理表征，其目的在于有助于产生它们所表征的东西。它们之所以被选择就是为了产生它们所表征的条件。再者，没有意识到一个行动并不影响这个行动的目的性，而且一个人也可以具有自己没有意识到的一些目的。比如，如果你不刻意地体会自己的呼吸，你就意识不到自己呼吸的方式，但这并不妨碍你的呼吸具有明确的目的性。

三、意向信号和自然信号

米利肯继承了德雷斯基关于自然信号的看法，她像德雷斯基一样认为，自然信号要么表征，要么不表征，但绝不会错误表征。"除非实际上下雨了，否则黑云就不意指下雨。"[1] 此外，米利肯还补充一个与自然信号相对的概念，即意向信号（intentional signal）。意向信号是可错的，而自然信号则不可错。德雷斯基虽然没有明确提到过意向信号，但在他论述符号、结构等概念时实际上已经描述了这个意思，为了表述方便，在下文中提到德雷斯基的观点时将使用意向信号这个概念。德雷斯基看来，真意向信号（true intentional signs）有时可以被看作是有目的的被产生的自然信号，真意向信号所携带的信息可以被看作是被设计来携带的自然信息。米利肯与德雷斯基一样认为真意向信号常常携带自然信息。但是，米利肯认为根据德雷斯基的理解并不能得出上述结论，因此她对"自然信号"和"自然信息"作出了不同的理解。米利肯认为，①并非所有真意向信号都携带自然信息，因为有些意向信号是偶然为真的；②携带自然信息并不是意向信号的目的，而只是意向信号借以为真的手段。

米利肯认为，德雷斯基对自然信息的规定根本无法胜任他为自然信息安排的任务，因此米利肯引入了"局部再现自然信号"和"局部再现自然信息"这两个概念[2]，而把德雷斯基的自然信息称作"无语境自然信息"（context-free natural information）。实际上，米利肯对局部自然信息的界定仍然根源于德雷斯基对自然信息的理解。米利肯注意到，德雷斯基在使用"自然信息"时，对其理解表现出某种摇摆不定，这主要表现在《知识与信息流》和《解释行为》当中。有时候德雷斯基对自然信息的界定要求严格的自然规律，但有时候他又提到自然信息似乎只依靠统计频次（statistical frequency）[3]。米利肯特别强调统计要素对信息的作用，并由此引入了局部自然信息的概念。同时，米利肯还指出

---

[1] Millikan R. Varieties of Meaning : The 2002 Jean Nicod Lectures. Cambridge: The MIT Press, 2004: 32.
[2] 在其他地方米利肯曾将局部再现自然信号称作"软自然信号"，参见 Millikan R. Representations, targets and attitudes. Philosophy and Phenomenological Research, 2000, 60（1）: 103-111.
[3] 后一种理解主要出现在德雷斯基中后期的作品中，如《解释行为》。

了信息语义学中存在的一个严重问题是，它只通过自然规律来定义信息而忽视了局部统计的作用。因为并不存在关于个体的自然规律，所以无语境信息语义学无法解释个体的表征何以可能。比如，没有任何一条自然规律是仅仅关于乔治·布什或者白宫的。因此就仅仅认可无语境信息的理论而言，没有任何自然信号能够携带乔治·布什入主白宫这条信息。由于这个限制，信息语义学始终只局限于讨论表语表征（predicative representation）。比如，当德雷斯基解释一个信号携带 s 是 F 这一信息是如何时，他完全集中于 F 的表征，却丝毫没有说明 t 而非 s 被表征为 F 是如何的。换言之，意向表征的主项即 s 是 F 没有得到表征。这就类似于 A 和 B 是双胞胎，一幅照片是 A 的照片而非 B 的照片这一事实，并没有被表征在这幅照片当中。米利肯认为，局部自然信息能够解释关于个体的自然信息何以可能存在，以及一个自然信号的主项即 s 是 F 何以可能被自然地表征。

要理解局部自然信息首先要理解局部自然信号。米利肯强调她只关注实际上被有机体使用的自然信号，因为局部再现自然信号的目的在于解释动物何以可能利用自然信号来收集关于其环境的信息[1]。动物能够通过非偶然地识别自然信号的再现进而对这个信号进行利用，米利肯认为她的工作就在于说明这一事实何以可能。但她的方法不是概念分析，而是理论构造。如果某个参照系中的 A_s 要成为 B_s 的再现自然信号，那么这就要求一个动物能够通过遇到 A_s 而获悉 B_s，这里说的获悉就是要非偶然地获得真信念。从自然认识论的角度看，一个动物从遇到 A_s 到表征 B_s 是一种转换，这个转换的原因与这个动物进行此种转换的下述理由相关：这种转化对这个动物而言是正确的。动物当前进行这种转换也可以看作是一种推断，其主要依据是对以往某个样本中 A_s 与 B_s 之间相关性的经验，这个经验可以是个体的，也可以是种群的。动物依据这个经验预测此种相关性在遇到新样本时继续有效。所以，一个信号的自然参照系就是一个自然域（natural domain），在这个自然域内某个 A_s 是某个 B_s 的局部再现信号，A_s 与 B_s 的相关性因为一个理由而从这个自然域的一部分拓展到另一部分。例如，假定一个缸中的每一个球都是红色的。那么我今天从这个缸中取出的每一个球都是红色的。一个球从这个缸中被取出与这个球是红色的被完全联系在一起。如果我明天还从这个缸中取一个球，那么这个球一定还是红色的（不带有偶然性）。这种相关性能够持续的理由就在于：作为这个缸中的一个球是作为红色的一个局部信号。在米利肯对局部自然信号的描述中，不需要规律和因果性，不

---

[1] Dretske F. Explaining Behavior. Cambridge: The MIT Press, 1988: 44.

需要条件概率为一，甚至不需要一个特别高的概率。米利肯还对著名的海底细菌案例作出了分析，她认为，海底细菌的磁条所指的方向就是少氧方向的局部再现信号。但在磁北极的方向和少氧的方向之间并没有因果关系。动物们通过局部再现信号获得的知识是适用于其栖息地的知识，而不是对地域或者可能世界的知识。有了自然信号就可以产生意向信号："每一个动物的知觉和认知系统都非常依赖环境和有机体自身中的局部自然信息。离开了这种信息就不拥有任何意向信号和意向信息。"[1]

四、米利肯对表征的分类

米利肯曾对表征做过比较详细的论述，并将之称做表征的一般理论，该理论主要体现在她的下列几部著作当中：《语言、思维及其他生物学范畴》（1984年）、《白王后心理学及给爱丽丝的其他论文》（1993年）和《意义种种》（2004年）。

当前几乎所有的表征理论，在最核心的部分中都包含有对错误表征的发生何以可能的一个说明。米利肯认为这种现象实际上是对布伦塔诺关于意向性本质规定性的一种附和。布伦塔诺把意向性的本质看作是心灵能够意向非存在的能力。关于错误表征，米利肯认为，首先要理解一种关于功能的理论，这种理论能够使我们对异常功能（malfunction）是什么有一个一般化的理解，然后再把关于意向性的理论置入这种关于功能的理论之内来理解。为此，米利肯引入了"专有功能"的概念。专有功能是针对类型而非个例而言的，而且它是一类一般化的功能。米利肯说："我们把功能的生物学观念的一般化作为实体的一种一般化类型的存在价值。我称这类一般化的功能为'专有功能'。"[2] 比如，心脏能够作为心脏肯定与泵血有关，但是有些心脏因为疾病或其他一些原因不能够泵血，而其他一些设备，如水泵能够泵血但却不是心脏。甚至人造心脏能够在人体内泵血，但却并不是真正的心脏，因为真正的心脏是生物学范畴中的一员。那么是什么使心脏区别于具有他物成为生物学范畴中的一员呢？这就是所谓的专有功能。具有一种专有功能就是已经被设计或者正应该执行某一功能。对这里所说的"被设计"和"正应该"必须作出自然主义的理解，而不是一般的理解[3]。如果把一个类型的专有功能看作是它过去一直在做的，负责其连续再生的

---

[1] Dretske F. Explaining Behavior. Cambridge：The MIT Press，1988：32.
[2] Millikan R G. Language：A Biological Model. Oxford：Clarendon Press，2005：168.
[3] Millikan R. Language, Thought, and Other Biological Categories. Cambridge：The MIT Press，1984：17.

东西，那么错误表征就可以被看作是该类型的一个个例未能执行这样一个专有功能，即原本一直负责其类型的连续再生的一个功能。专有功能的观念可以应用于外在表征，包括各种自然语言，以及内在表征，包括知觉和思维。在自然语言中，如语词、英语中的音素，汉语中的偏旁部首，以及它们存在于其中的句法形式都是可再生的。我们主要关注内在表征。要理解内在表征，不能把专有功能的观念直接应用于表征本身，而要将其应用于一些机制，这些机制的功能就是要产生并使用内在表征[①]。当产生内在表征的机制发挥专有功能的时候，它们作为对有机体所处的情境的反应而产生表征，并且被产生的这个表征是适于有机体所处的这个情境的。对人类而言，这些机制非常复杂，包括信念和欲望的形成机制、概念形成机制、推理机制、决策机制、行动机制等。当整个系统发挥专有功能时，信念形成机制产生真信念，欲望形成机制产生其实现会有利于该有机体的欲望。

米利肯解释了表征的内容，即其满足条件是如何获得的。这个解释涉及时间，以及对表征类型的划分。首先来看对表征类型的划分。

米利肯认为存在着三种表征，即指令性表征、描述性表征和双头兽表征，这三种表征获得其内容的方式是不同的。对指令性表征和描述性表征的划分并不是米利肯的首创。早在1957年安斯康姆在《意向》一书中就曾作出过类似的划分[②]。在安斯康姆给出的货物清单的事例中，如果货物清单被看作是购物单，那么它就可以被看作是一个指令性表征；如果货物单被看作是存货单，那么它就可以被看成是描述性表征。在前者那里事实应符合于清单，因而具有指令性；而在后者那里清单应符合于事实，因而只具有描述性。米利肯用专用功能的概念对这两类表征重新进行了界定。"如果一个表征具有一个专有功能来指导使用该表征的这些机制致使这些机制产生该表征的满足条件，那么这个表征就是指令性的。"[③]欲望是一种典型的指令性表征。当然，大多数欲望根本不会被满足。在自然语言中，具有祈使语气的句子也是指令性表征。与指令性表征不同，使一个表征成为描述性表征的主要不是它的功能。描述性表征的真值条件就是描述性表征使它的解释者和使用者在其专有功能的作用下作出改变以适应于那个条件。信念是典型的描述性表征。如果冰箱里有一瓶啤酒这一信念有助于引导我的决策和行动（即这个信念的解释者），使这个信念发挥了它有助于实现我的欲望的功能，如解渴的欲望，那么冰箱里就需要有一瓶啤酒。自然语言中一些

---

① 当然，有时候米利肯也直接把内在表征本身看作是具有专有功能的。
② 安斯康姆.意向.张留华译.北京：中国人民大学出版社，2008：58-60.
③ Millikan R G. Language: A Biological Model. Oxford: Clarendon Press, 2005: 168.

典型的陈述句也具有描述功能,其功能在于产生听者信念。由此可见,一个表征的满足条件如何获得是相对于该表征的功能的。这个表征的内容就是对内在地包含着嵌入语气或者命题态度的一个更详细事件的抽象。如果没有语气和态度,也就没有内容,内容只是态度的一个方面,因此一个完全相同的表征有可能同时携带两个不同的内容。

"双头兽"是米利肯从文学作品中借鉴来的一个词,该词原本描述的是身体前后各长有一个头的一只野兽,英文为"pushmi-pullyu",意思是"推我拉你",笔者将之译作双头兽,并将米利肯所谓的推我拉你表征(PPR)译作双头兽表征。双头兽表征既具有描述功能又具有指令功能,但又不同于一个纯粹的描述表征和一个纯粹的指令表征的联合。它比后两者都更原始。纯粹的描述性表征和纯粹的指令性表征作为形式都需要更复杂的认知设备来利用它们。纯粹的描述表征必须通过一个实际推理过程与指令性表征结合在一起才能够为认知系统所用。与此类似,指令性表征也必须与描述性表征结合在一起。因为描述性表征仅仅说明了情况是什么样子,如果不与关于目的的表征即指令性表征结合在一起,就没有最终的用途。而指令性表征说明了要做什么,但如果不与关于事实的表征即描述性表征结合在一起,就同样没有用途。双头兽表征的使用则更简单一些,而且它也不需要一个中间推理。直接描述表征会储存尚无直接用途的信息,即纯粹的描述;纯粹指令表征会表征尚不知道如何依之而行的目的,即纯粹的指令。这两种表征因此都比双头兽表征更先进。比如,母鸡召唤鸡仔来进食的叫声就是一种非常原始的表征。这个叫声的专有功能是引起鸡仔们来到食物所在之处进食。如果把这个看作是母鸡的叫声对鸡仔所具有的唯一的专有结果,即这个叫声被选择就是为了这个唯一的结果,那么这个叫声就是指令性的,它的意思就像是说:"现在就来这里吃!"但是当母鸡叫时,这个叫声的专有表现的一个条件也可以是:这里有食物。因此这个叫声也可以是描述性的,它的意思就像是说:"这里现在有食物。"从这个事例中也可以清楚地看出,一个表征的指令性内容和描述性内容是不同的。在这个事例中,母鸡的叫声对鸡仔的影响并不是通过一个多用途的认知机制来逐步完成的。也就是说,它并没有先形成一个纯粹的描述性表征(如一个信念),即这里有食物,再重新获取一个指令性表征即想要进食的欲望,再进行一个实际推理,最终依推理的结论而行事。实际上整个过程非常简单:这个叫声直接与行动联系在一起。这个叫声的功能就是作为一个媒介使得某种行为随着环境的改变而相应作出改变,因而将环境的情况转译成适合行动的情况。具体而言,母鸡在哪里发现食物,鸡仔就往哪里去。母鸡的叫声就是一种双头兽表征。最典型的双头兽表征就是不同的动物们所使用的发给同种生物的一些简单信号，如鸟鸣、蜜蜂的舞蹈等。人类语言和思维中同样有双头兽表征。

五、消费者语义学

目的论语义学在本质上是一种消费者语义学。它的一个中心论断是：一个表征的内容是由解释该表征的那些系统决定的。米利肯认为，解释表征的那些系统与产生表征的那些系统之间存在某种合作关系，后者是被设计来与前者合作的。所以，如果解释表征的那些系统要通过一般机制来产生它们被设计来要产生的结果的话，那么内容就是由表征需要据以与事件相符合的那些规则和功能决定的[1]。换言之，除非被产生出来的表征具有某种用处，否则产生表征就不可能成为一个系统的功能。而表征要有用处则要求表征具有知道如何使用它（即表征）的消费者。这里的消费者可以是同种生物的大脑中的某些系统。如果把使用理解成生物功能的话，那么一个表征的内容归根到底是由该表征所具有的生物用途决定的。

但是，如果把上述观点置入一个更宽泛的语境中，它似乎是有问题的。因为根据上述观点，包括人在内的动物在心理上对世界进行表征时，都仅仅只表征它们需要表征的那些方面。因此动物们所生活的世界是受到严格限制的，它们仅仅指示能够满足其实际需要的那些方面。世界只有与动物的自身利益、需要和能力相关时，才能够为动物知觉，才能够称为动物的世界。一些研究者认为，人的知觉也具有上述特征。比如，事物被知觉是为了吃，信箱被知觉是为了投信。但是，这种观点导致的一个后果就是世界不可能是一个客观的世界，而只是由人的性格和能力创造的一个世界，因为人类同样被限制在一个在主观上被呈现的世界之内。所以，如果按照内容的目的论理论，每一个表征的内容都依赖于它的使用，那么人类就不可能表征一个真实客观的实在。米利肯对此观点进行了批评，她认为，对于人类知觉应当分别看待。人类的基本知觉是为了行动的知觉，但并非所有的人类知觉都是如此，也并非所有以知觉为基础的认知都是为了在行动中直接使用而被设计的。

每种表征都有各自的表征内容，因此米利肯的内容理论是一种生产与消费相结合的内容理论。比如，一只青蛙伸出舌头捕捉到一只飞行的小虫。青蛙身上有一种机制负责追踪飞行小虫的位置，并由此控制舌头的伸展。在这个过程

---

[1] Millikan R G. Language: A Biological Model. Oxford: Clarendon Press, 2005: 165.

中，某种信号会从青蛙神经系统中的虫子追踪机制发送到负责控制舌头的运动神经控制机制，引起舌头向虫子的位置移动。在这个事例中，"生产者"就是青蛙神经系统中的虫子追踪机制，它会产生一个"指令性的意向图标"，这个意向图标也可以看作是发送给运动神经控制机制的信号。"消费者"就是青蛙的舌头，以及它的运动神经控制机制（即舌头系统）。帮助消费者（舌头系统）执行其功能即抓虫子的正是生产者（虫子追踪机制）的功能。而生产者的功能又是借助于图标即发送给消费者的信号而得以执行的。这个图标通常是通过以下方式来帮助消费者执行其功能的：这个图标会使消费者的行为方式反映出关于世界的某一事实。之所以如此是因为这个图标的形式具有与世界，特别是与虫子位置的某种特殊关系。因此，对消费者（舌头系统）执行其功能而言，在一个定域中有一只虫子（这一事实以某种方式与信号的形式联系在一起），就是一个关系性的一般条件。换言之，当一个特殊信号被发送到舌头系统机制时，在一个个特定区域有一只虫子，这就是舌头系统功能的一个被例示的关系性的一般条件。所以正是这个被例示的关系性的一般条件使得，如"有一只虫子在特定区域 L"成为这个特殊信号的内容。

第二节　博格丹对内容的说明：增量信息

当一个人思考或者相信某些东西的时候，他思考或者相信的是什么？当前的内容理论对此问题作出各种回答，如心理程式、自然语言中的句子、真值条件、抽象命题等。博格丹认为，这些回答涉及对内容进行理解所需要涉及的几个方面，如心理方面、语义方面，但是不管这些回答正确与否，它们都还遗漏了内容的一个非常重要的方面，即所谓的"增量信息"。增量信息是一种特殊形式的信息，是被限制的或者局部增量的信息，由许多潜在因素构造的信息。信息正是以这样一种增量的形式驱动认知和行为。在内容的所有方面之中，增量信息对于我们理解认知的态度和执行最为重要。博格丹认为，对增量信息的理解非常重要，并断言它必定会影响到我们关于内容、命题态度、推理、辩明和知识的哲学观念。

在语言学、心理学、人工智能甚至逻辑学当中对增量信息都非常关注，但是在心灵哲学中很难看到对增量信息的明显关注。"虽然现在对于内容的哲学关注非常强烈，但是却没有明显觉察到内容和增量信息之间的联系。"博格丹认为，之所以出现这种局面的原因有三。第一，增量信息并不能简单地被看作是内容的一个方面。第二，即便被当作内容的一个方面来理解，增量信息也被看作是一个副现象的方面，也就是说，需要由内容的更基本方面来解释和还原的方面。第三，即便被当作内容的一个真正的不可还原的方面，增量信息也不能被视作内容的一个心理方面，因此不能作为驱动认知和行为的东西。博格丹试图表明，增量信息是内容的一个内在的、不可还原的并且是心理的方面。因为增量信息只有具备了这样的属性，才能够被应用于心灵哲学和形而上学的研究当中。

一、内容的诸方面

通常，说一个人认为或者相信某种东西，就是说这个人对一个内容具有一种特定的态度。哲学家们常把这样的态度说成是命题的，即命题态度。然而博格丹认为这样的说法是有待分析的。因为这样的说法预设了两个前提：①一个命题就是一个内容；②在内容的不同方面当中，认知者（认为或者相信的主体）具有的态度所指向的正是这个命题的方面。博格丹认为这两个前提都是站不住脚的，因此他更倾向于使用"认知态度"或者"内容态度"，而非"命题态度"。

博格丹试图表明，态度不仅对于命题、句子或者心理形式是敏感的，它对于增量信息同样是敏感的。"当我们想到内容时，我们最倾向于想到的那些方面并没有能力固着一个另外的方面，即增量信息。"[①]

是内容就一定会被描述出来。比如，当我们说汤姆相信天要下雨时，这里的天要下雨就发挥了内容描述的作用，也即是说，它（在英语中是一个从句）描述了汤姆所相信的东西。在心灵哲学中通常把这样一个从句看作一个命题，自主体对它所持的态度构成命题态度。但是博格丹认为，这样一个从句充其量只是对内容的一个表面描述。因为汤姆所相信的东西总是用一门特殊的语言描述的，比如，英语（"it is raining"）或者汉语（"天要下雨"）。但是这并不能表明汤姆所相信的东西就是这个内容的汉语描述。汤姆可能不懂汉语。所以，内容和内容的表面描述之间是存在差异的。心灵哲学中通常把命题态度作为内容研究的重点，实际上是避重就轻，把内容的表面描述当作了内容本身。但是，如果如果作出了上述区分的话，那么问题随之而来。我们对内容的描述似乎在任何时候都是一个或者另一个的表面描述，那么对内容的真正描述是什么呢？

---

① Bogdan R J. Mind, content and information. Synthese, 1987, 70: 205-227.

如何从内容的表面描述（既然这是我们当前唯一能够利用的）过渡到内容的真正描述呢？要回答这样一个问题，就必须对内容作出更加细致的分析。众所周知，内容有许多方面或者要素。所以，当我们问一个内容描述何时传递内容时，我们实际上是在问：这个内容的哪些要素将会固着（fix）内容？特别是哪个要素将会固着它所携带的增量信息？博格丹将这样的问题称作"个体化问题"（individuation question）。这是关于内容和增量信息的第一个问题，还有一个问题被称作"描述问题"，它是指不但在内容和增量信息之间建立一致性，而且还有根据某些更深层次的特性和规则来说明它们，换句话说，即是获得内容及其各个方面的一个原则化说明。

博格丹并不认为根据增量信息就能够建立一个完整的内容理论，也不认为增量信息就是内容。但是，离开了增量信息就不可能把内容说清楚。

二、将内容个体化

如何将内容个体化？博格丹的方法是一方面要诉诸我们对内容的直觉观念，另一方面诉诸对内容的哲学分析。对内容的直觉观念将内容视作被认知，如被相信、被思维的东西，它有助于我们解释一个内容的表面描述。对内容的哲学分析则可以将这种直觉观念合理化。

将某种东西个体化就是要建立这种东西的同一性条件，并因此能够分辨出这种东西与其他东西何时相同，何时不相同。鉴于我们要从内容的表面描述起步，所以个体化问题也就变成了下述问题：内容描述的哪些要素将内容个体化了？一般而言，有可能将内容个体化的东西不外乎三类：头脑外部的东西、头脑内部的东西及两者的混合。

头脑外部的东西指的是内容的真值条件，即能够使内容为真的东西，博格丹将之看作是内容的语义要素。但是真值条件这个要素明显不能使内容个体化。比如，由一个句子所描述的一个信念——凯特是一只又大又肥的猫为真，当且仅当"凯特"所指示的东西就是"又大又肥的猫"所指示的东西。但是凯特是一只又大又肥的猫和居住在楼下的是一只被人遗弃的猫可能具有相同的真值条件但却并不描述相同的内容。一个人有很多理由相信前一内容而不相信后一内容，而且这些理由都与心理状态相关。博格丹以此来表明，对内容的个体化仅仅依靠头脑之外的东西似乎是不够的。人的头脑是一个黑箱。"这种对内容个体化的策略是公开透明的而且是非意向的，因为它不敏感于认知者表征事实的方式。"①

　　头脑内部的东西指的是心理符号、心理形式，即被福多称之为思维语言或者心理语言的这些句法的东西及其计算，博格丹将这些统统看作是内容的心理要素。因此，对于头脑内部的东西的内容个体化，我们可以提出这样一个问题：内容同一性应该要求计算同一性吗？也就是说，内容同一性应该要求心理表征的某种内部语言中编码内容的表达式的同一性吗？似乎并不要求。同一个表达式可能有不同的解释，因此具有不同的内容。在计算中，心理符号不可能具有本质的、唯一的值。形式上的不同也并不会自然而然地反映到内容的不同当中。比如，凯特吃掉了那个香蕉和那个香蕉是被凯特吃掉的，它们虽然具有相同的内容但形式却不同。所以，心理形式和内容并不必然联系在一起。所以，计算的同一性并不能固着内容。这在索引性的句子中表现得尤为明显：这样的句子涉及的是相同的概念，但是有多少思考这个句子的人，就可能有多少不同的内容。比如，我是中国最好的哲学家这个句子，在中国不同的哲学家那里相同的句子、相同的概念、心理句法中相同的表达式，但是却有不同的内容。

　　上述分析表明，无论头脑之内还是头脑之外没有任何单独的要素能够完全将内容个体化，因此将多种要素混合起来似乎是必需的。这是一种内容的混合论观点，也就是说，既要用语义的又要用心理的要素来固着内容。这种内容混合论观点最初是由普特南在其对意义的分析中提出的。在普特南的分析中，固着意义要用到心理方面的，如句法范畴、概念和陈规，以及语义方面的，如索引性的外延。很多哲学家都赞同这种观点，并且将社会维度增加到对内容的确定当中，认为这样就足以将内容个体化。但是博格丹对此并不表示乐观，因为他认为在内容的心理方面还存在着增量信息这个难题。

三、增量信息

　　博格丹通过一个事例来说明增量信息在内容个体化过程中的重要地位。假定贝利和贝蒂被告知佣人把一瓶酒倒掉了。那么他们接受了相同的输入（这个输入由同一个事件引起并且该事件使输入为真），并以相同的方式对相同的输入句子进行计算，但是最终却产生了不同的行为。贝利很轻松并且开始跳舞，贝蒂却伤感并且去散步了，这两个人有相同的欲望：在晚餐时喝那瓶酒。所以由这个输入所形成的两个信念必定是不同的。在这个输入产生之前，贝利担心是她的猫把酒倒掉了，因为她专门训练过猫不要碰酒。而贝蒂则希望佣人倒掉的

---
① Bogdan R J. Mind, content and information. Synthese, 1987, 70: 205-227.

是别的东西，而不是她的最后一瓶酒。所以贝利和贝蒂从同一个输入中抽取了不同的信息。在这里，抽取信息需要思维，而遵照信息行事的则是信念。所以在贝利和贝蒂那里思维和信念一定都不相同，虽然因果输入和很多心理学要素（如句法形式、概念等）都是相同的。信念和思维是内容态度，它们在贝利和贝蒂身上的差异是一种内容的差异。造成这种差异的正是增量信息。因此增量信息必定是内容的一部分。

这种信息差异如何发挥作用呢？贝利和贝蒂原本就有截然不同的信息预期，也就是说，具有不同的不确定区域，因为她们的背景知识是不同的。

贝蒂原本知道：

（1）某人倒掉了那瓶酒。

她怀疑是猫干的，但不知道是谁干的。

相反，贝蒂原本知道：

（2）佣人倒掉了某些东西，但不知道倒掉的是什么。

当大意为（3）佣人倒掉了那瓶酒的这样一个句子被输入后，这个输入句子就填补了不同的信息裂缝，也就是说它在不同的信息鸿沟之间架起了桥梁。这个桥梁所连接的鸿沟对贝利来说是从某人到佣人；而对贝蒂来说则是从某些东西到那瓶酒。这些分别就是在（3）和（1）之间的信息，以及（3）和（2）之间的信息在增量上的不同。这些不同有助于将（3）增加到贝利和贝蒂先前已经具有的信息上的那个增量信息具体化。

如果（3）就是对贝利和贝蒂所相信的东西的完全准确和详细的说明，那么在以下两者之间就不应当有内容上的差别：

（4）贝利相信佣人倒掉了那瓶酒。

（5）贝蒂相信佣人倒掉了那瓶酒。

然而事实却是她们通过获悉（3）所存取的信息是不同的，而且导致了不同的行为。既然信念这个观念一半是信息，一半是依据信息的行为，那么我们能够断定（4）和（5）不可能描述相同的信念。之所以如此是因为在增量的意义上，内容句子（3）对贝利和贝蒂而言并不是个体化相同的信息。然而，在（4）和（5）中内容从句（3）却具有相同的真值和真值条件，相同的语法结构和逻辑形式，相同的概念和可能的陈规，因此具有相同的混合意义。但是（4）和（5）不能被看作是描述了同一类型的信念，因为在增量信息中的内容进度是不同的。所以迄今为止所考察过的内容要素都不可能固着增量信息。这就是为什么像（3）这样的一个与这些要素联系在一起的内容描述，无法提供对一个人认知（相信或者思考）的东西的一个完整的详细说明。

四、个体化增量信息

如何将增量信息个体化？或者说用什么来个体化增量信息？博格丹认为解答这样的问题关键是要从既定信息和新信息入手。既定信息可以看作是个人的背景知识。对贝利而言，相对于她随后获悉的东西，某人倒掉了那瓶酒就是既定信息。既定信息是相对于增量保持不变的东西。既定信息的结构可能包含一个或者多个有待新信息填充的带有不确定性的信息裂缝。这个带有不确定性的信息裂缝对和自主体业已知道的东西相一致的新信息而言，可能是一个可选择的序列。对贝利而言，这个可选择的序列就是对于谁倒掉了那瓶酒这一问题的一系列潜在答案。对贝蒂而言，这个可选择的序列就是对于佣人倒掉了什么东西这个问题的一系列潜在答案。

值得注意的是，在其他条件下，同样的一个的输入句子（3）可能会具有不同的增量内容。下面把内容从句中的新信息用黑体字表示，其他部分则是既定信息。假定这样的条件：贝蒂事先知道佣人做了什么事情，那么她从（3）中获得的这个新信息可能就是：

（6）佣人**倒掉了**什么东西。

或者

（7）佣人对**那瓶酒**做了什么事情。

或者

（8）佣人倒掉了那瓶酒。

甚至，我们可以假设贝蒂只具有有什么事情在房子里发生了这样的既定信息。那么相对于此的可选择序列非常庞大，因为贝蒂的不确定性也非常庞大。那么相对于这个既定信息的新信息就是整个输入句子：

（9）**佣人倒掉了那瓶酒**。

输入句子（3）和（9）是不同的。（3）在信息上是不敏感的，因此是对内容的不充分说明，也就是说，在（3）这里增量信息无法合并到内容当中去。而（9）在信息上则是敏感的，并且是对内容的充分说明。不能说（3）和（9）是对相同事实的相同的句子描述，也不能说它们表述了相同的命题或者具有相同的意义，同样也不能说根据任何其他的内容要素它们是相同的。虽然确实如此，但这是无关紧要的。因为，前面已经说过，尽管用来说明（3）的所有这些要素确实把握了相关的事实，把握了被表述的命题，把握了被应用的概念，被提供的意义等，但它们都无法把握增量信息。（9）中的黑体则表明了个体化的增量要素。通常口语中的重音强调，书写中的着重号等能起到相同的作用。总之，（3）和（9）作为对内容的描述，在很多方面是相同的，但在增量信息上则是不同的。

还有一种方法可以表现既定信息和新信息，以及增量认知和与之联系在一起的内容态度。增量认知可以被看作是从既定信息到新信息的一个过程。作为起点的既定信息不受增量的影响。我们可以用下述公式表达既定信息和增量信息之间的关系：

（10）对于［既定信息］增量就等于［$x=$新信息］。

举例说明，我们可以把贝利最初的增量信息看作是

（11）对于［某个x倒掉了那瓶酒］贝利的增量就是［$x=$佣人］。

公式（10）完全是分析的产物，在日常语言和常识心理学中根本不存在这样的解释图式。但这并没有什么奇怪之处。在日常语言中同样不存在在深层语法结构上对句子结构的分析这样的观念，增量信息亦是如此：它是对整个内容结构的又一个方面的贡献。

（10）所描述的增量图式在内容的通常属性中并不明显还有另外一个原因：增量导致了一个人关于一个特殊主题的信息的更新。也就是说，源自于增量的新信息被并入到了既定信息所提供的那个结构当中。因为既定信息包含着一个有待更新的具有不确定性的裂缝。新信息一旦被获得就会占据先前结构中的那个裂缝。这样，我们最终所描述的就不再是增量信息，而是利用新信息更新之后的既定信息，称之为"最终信息"（terminal information）。我们可以用下述公式来表示：

（12）关于［既定信息 a-b-x］在增量［$x=c=$新信息］之后的这个最终信息就是［a-b-c］。

如果假定增量是由于一个推理过程才成为可能的，而且最终信息被编码在某一态度的总体内容当中，那么我们就可以把（12）变为：

（13）关于［既定信息］根据推断［新信息］一个人相信［最终信息］。

就上面的贝利的事例而言，这就相当于：

（14）关于［某个x倒掉了这瓶酒］根据推断［$x=$佣人］贝利相信［佣人倒掉了这瓶酒］。

与前面的（4）中的表面描述不同，（14）揭示了潜在的贝利原来的信念受到其影响的信息增量。除此之外，将增量信息个体化还需要别的一些条件。比如，首先要有一个能够在给定时间对一个人的认知进行界定的主题，这个主题

标志着潜在增量的外部界限。比如，一个主题可以是一个视觉场景，一个有待解决的问题，一个将要执行的计划等。确定增量的形式，我们还需要明确相关信息的范畴连接（categorial articulation），这样做的目的在于将情景范畴化，其表现形式包括各种范畴化的结构，如对象－属性，或者自主体－行动－对象等。这样增量就能够按照结构的维度发生。比如，贝蒂的一个增量——佣人倒掉的正是那瓶酒，所根据的范畴化结构就是自主体－行动－对象。

（1）主题，即被注意的东西；
（2）既定信息，即保持不变的东西；
（3）不确定性，即行动的同一性；
（4）规划，即相关的可选择序列；
（5）推断，即新信息的值；
（6）明确表述，即自主体－行动－对象；
（7）合并，即新信息并入既定信息产生最终信息。

列举这些条件的目的在于表明两点。第一，表明将认知中的信息个体化需要哪些东西。第二，增量信息是内容的一个不可还原为其他要素的方面。博格丹认为，增量信息是内容的一个不可还原的方面，而且还是内容的一个心理的方面。把增量信息看作是内容的一个心理的方面，有两个原因。第一，只有增量信息是心理的，相对于内容的其他那些要素而言，信息才能够成为一个增量。对任何一个携带信息的消息和任何一个具有记忆的接收系统而言，这条消息都会为这个系统业已知道的东西增加某种信息。换句话说，对任何具有记忆的系统而言，某种输入信息一定是增量的。将某一输入信息编排到增量输出当中需要用到特定的心理能力（如计算、语言、概念、信念等）。第二，只有增量信息是心理的，它才能够驱动自主体的认知和行为，并因此在我们理解自主体的认知态度和表现时发挥作用。一般而言，增量信息只有是心理的，才能成为我们的心灵、意向性和内容态度解释的一部分。

博格丹认为，增量信息之所以是心理的有两方面的原因。第一，增量本身是通过心理手段实现的，而且作为增量的结果的那个信息本身被套叠在心理状态当中。这个原因是一个事实，但是这个事实并不表明信息是增量的是出于心理的原因。第二，心灵之所以以增量的方式处理信息涉及心灵工作的方式，因为心灵本身就是被设计成以此种方式处理信息。这个原因在博格丹看来是决定性的。心灵之所以被设计成以增量的方式处理信息，这与心灵的限度，特别是与一个认知过程在给定时间能够处理多少信息有关。人的各种心理能力，如短期记忆、注意、认知、判断等都有一定的限度，但是这个限度相对于输入有机体的信息而言太低了。也就是说，在人的有限的心理能力和几乎无限的输入信息之间存在一个矛盾，而解决这个矛盾的方法主要就是通过设计。既然心理能力存在着无法突破的限度，设计所能做的就是最好地利用这个限度，即选择更少的单元来携带更多的信息。例如，如果一个系统能够处理一门自然语言，那么让该系统处理更多信息的方法就是尽量让它储存语词或者句子，而非简单的符号和字母。此外，增量是心理的还有心理学上的证据。增量普遍地出现在各种各样的认知模块和认知过程当中。明斯基（Marvin Minsky）和德雷斯基都分别对此进行过研究，而且德雷斯基是第一个认真地研究过视觉增量的哲学家。

第三节　博格丹对内容的说明：从目的论到语义学

　　博格丹认为，信息是认知的燃料。在最基本的层面上，信息就是在规律限制下结构间的相互作用。因此，信息观念反映的是一个结构在另一个结构的影响下而被创造出来。被影响的结构实际上以某种具体的方式编码了它与施加影响的结构之间的这个相互作用。因此，信息在本质上是与一个系统相互作用的另一个系统中所留下的结构痕迹。由此所决定，信息同时还可以被看作是驱动被影响的这个系统随后过程和行为的结构燃料。因为在不同的限制下，世界在成分组成和功能组成上具有众多不同的层次，所以信息具有不同的形式。在这些限制中对理解信息起关键作用的是组织的自然样式、类型、类型中的系统相关性及规律。这些在层次上敏感的限制以类型和规律的形式所塑造的那种形式，正是信息在某一结构中被标记所采用的形式，也就是说信息正是以这种形式被编码的。因此，产生信息的这些相互作用导致了带有不同种类因果作用和功能的不同种类的结构，信息也由此以众多不同的方式被编码和利用。

　　博格丹主要关注两种形式的信息，即物质信息和语义信息，他认为这两种信息是理解认知的语义学所必需的。将信息分为物质信息和语义信息，这种区分是形而上学的，而不是自然科学的分类。这种区分主要采用一种分析的方法，集中关注事物的一般属性，即相互作用的事件和属性，而忽视了它们的具体形式。通过对信息的这样一种形而上学的分析，信息观念就很容易一致于关于事件、属性、结构和因果性的观念，因为后面这些东西与信息一样都暂时脱离了具体的形态，而仅仅是抽象的产物。但是，它们又不是完全的脱离现实世界，它们描述着或者指示着现实世界中可能出现或者发生的东西。通过这种形而上学的分析世界的具体构造被暂时回避了，但其潜在的特性、结构、因果性却更清晰地呈现出来。这种分析还是一种一般性的分析，它同样是在世界的每一个具体层面上（如物理的、化学的和生物的）进行但是却并非唯一地或者专门地描述任何一个层面。

没有任何专门的自然科学是关于信息的原则性科学的，就像没有任何科学是关于因果性的原则性科学一样。只有超越信息的各种不同的具体化，才能够在一种理想化的概念高度上进行分析，进而才能理解信息的恒定不变的本质。这就是进行信息的本体论说明的动机。

一、信息的本体论说明

博格丹利用他创立的本体论思想对信息的本体论地位作出了说明。他认为确定物质信息的客观特性，即是确定其本体论本质。这个说明是完全定性的，而非定量的。这是博格丹对信息进行说明的一个独特之处。德雷斯基对信息的说明起点是通信的数学理论，是从定量分析入手的，通过对信息量的说明逐步过渡到对信息内容的说明。博格丹对信息的分析是形而上学的分析，虽然同样关注形式，但却是通过抽象而非数学的方法进行的，他意图直接从性质上把握信息。因此，从层次来看，博格丹对信息的关注点比德雷斯基更为基础。

具有一个属性或者牵涉到一个关系当中去的任何一个给定事件，都可以被看作是处在某种类型的一个状态当中。从这个意义上来说，在任何给定的时刻，世界都是一个巨大的状态构造。只要一个事件例示了一个属性或者进入了与其他事件的关系当中，那么一个状态也就随之产生。一个事件之所以会具有一个状态是因为这个事件与其他本身具有某个状态的事件产生了相互作用。

由这种相互作用所引起的状态不能仅仅被简单地看作是一个结果。因为这个状态以特定的方式编码或者构造了这种相互作用所产生的影响。这个状态通过其组织在结构上承认了这种相互作用。正是这种结构上的承认将我们引向了信息观念的真正核心。如果不同事件的状态之间的相互作用，完全就是一个状态导致另一个状态，而没有其他任何别的东西，那么只需要因果观念就可以把所有情况描绘出来。如果是这样的话，那么只需要有因果观念就足够了，人们就没有必要在产生信息观念，但事实并非如此。仅仅有因果观念是不够的，相互作用的信息说明提供了因果说明无法提供的东西。从直观的角度来看，因果

| 信息与心理内容 |

观念是不透明的，而信息观念则敏感于这种相互作用的结构形式。也就是说，信息观念旨在把握因果作用的结构方面和结果。

如果把环境看作是一个信源，把光线看作是信息的接收者。那么要编码来自环境的信息，这个光线就需要一个特定类型的结构。如果光线是同质的，那它就不具备所需的结构，因此也就无法编码来自环境的信息。一般而言，一个接收者的状态必定在其结构上表现出信源中另一状态的结构痕迹或者影响。这是对接收者要编码信息在结构上的要求。对信源而言，如果要产生信息，就同样有结构上的要求。如果一个信源不具有合适类型的编码信息的结构，那么即便它可以与一个接收者相互作用，但却不产生信息。比如，我们把光线看作一个信源，人的眼睛看作一个接收者。无结构的光线的发射可以刺激视网膜，但却不提供任何视觉信息（当然存在有某种物理信息的交换）。因此，相互作用离开了适当类型的编码结构就不会产生信息。

如果信源处物质结构的改变影响到了接收者的物质结构，那么我们就可以说接收者对这个相互作用作出了反应，或者受到了这个相互作用的刺激。对一个相互作用作出反应的任何一个物质的东西都呈现出刺激的样式。这种刺激样式（如分子的重新排列）会编码来自信源的某一状态的信息。这里所说的刺激实际上是以另一种方式描述了一个相互作用的接收端所发生的东西。接收者能够被一个相互作用所刺激，不仅是因为有一个相互作用来刺激这个接收者，而且还因为这个接收者能够被这个相互作用所刺激，换句换说，这个接收者敏感于这个相互作用，一个信息系统无论处于何种厚本体论层次，都有其自身占优势地位的对输入进行编码的形式，这些形式进而规定了来自一个信源的哪种属性和量值作为刺激信息而得到编码。

信息的结构方面有助于引入关于信息的一个重要条件，即信息的真实性条件。信息的真实性条件将信息看作是一个真实的个例结构。只有一个特殊的而且是真实的物质性的个例才能够编码来自另一个个例的信息，因为只有特殊的东西才具有进行编码所需的这些厚结构（如物理的或者化学的结构），只有这样的东西能够将被传输和标记信息所需的实际的相互作用联系起来。如果没有真实的个例结构也就没有编码信息的物质材料，也就没有信息被编码。所以真实性条件就是以另一种方法说明了一个明显的事实，即信息采用了编码的形式，而编码则是真实的结构。

根据信息的真实性条件，任何一般的、抽象的或者理想化的实体和关系都不可能包含或者携带信息。因此，柏拉图和弗雷格是无法解释信息的，同样他们也不是自然主义者的盟友。一般性的倾向、规则的相关性或者规律也不包含信息。总之，没有实际标记，就没有信息。

我们可以从一个接收者的角度来描述这个接收者身上来自一个信源的信息。一个信源和一个接收者之间发生了一个相互作用。在外部制约下，这个信源的一个状态对这个接收者产生了一个影响并且在这个接收者身上产生了一个刺激状态。在内部制约下，这个刺激状态的结构组织反映了这个相互作用的事实、本质和程度。因此，可以说这个接收者状态的结构组织编码了来自这个信源的信息。

二、物质信息和语义信息

信息是对世界上的事项之间物质性的相互作用的一个指示、表达和量度，它根据某些样式（或者类型）而被组织并根据某些规律而行为。因此，信息观念所描述的是一种形式，根据这种形式某种东西在结构上受到与其他东西相互作用的影响。这个影响在本质上是物质的，始终与结构伴随在一起，并且常常涉及功能和行为结果。信息观念旨在描述和量度这个影响的结构方面或者形式，以及这个影响随后的与结构保持一致的因果反应。也就是说，这个影响的结果被组织和编码的方式在接收端同样有效。认知是对环境作出反应并被环境所影响的一种复杂方式，是编码和利用这样一种相互作用的结果后果的方式。一个相互作用的结构后果，例示在一个接收系统当中，就等于源自环境的这个相互作用的可资利用的信息。认知信息的根源和关键属性因此而获得。

语义信息就是带有有目的论决定的功能作用的物质信息。功能和目的不是物质本体论中的事项类型，其规则也不能算是这种本体论中的规律。这就是语义信息的本质不能用物质的术语来理解的原因。如果一个系统要编码关于世界的语义信息，那么这个系统就必定出于某一理由用信息或者对信息有所行动，这些行动最终必定（按照某种解释）是这个系统行为关系到或者应用于这个世界的诸方面的方式。

当我们提到信息（in-formation）的时候就不得不提到亚里士多德。亚里士多德没有直接的关于信息的论述，但是信息观念的本质却体现在亚里士多德的思想当中。其中最明显的就是亚里士多德关于形式的思想。如果按照亚里士多德的观点来分析，那么我们可以这样描述信息：一个接收者 R 的一个状态通过与信源 S 的一个状态的相互作用而被告知（即获得某一形式或者结构）[①]。作为动词 inform 一词的名词形式 in-formation（这里用一个连字符把它与通常所说的信息 information 区别开来），后者从前者那里继承到的意思就是：接收者的一个状态之所以得到构造或者具有一个形式，是因为信源的一个状态与之相互作用并导致了那个结构（即被构造）或者形式。所以，in-formation 完全就是带有结构的或者形式导致的后果的相互作用。in-formation 指的完全就是物质信息。只要 R 由 S 而被告知，那么 R 就具有来自 S 的信息。而物质信息即是"来自……的信息"。

但是问题在于，当一个接收者 R 具有了来自一个信源 S 的信息时，它是否同时具有了关于 S 的信息？如果有的话，是关于 S 的什么的信息？是关于 S 的某个特殊状态或者属性吗？换言之，我们如何从来自过渡到关于，从"来自……的信息"过渡到"关于……的信息"的信息，从因果性过渡到语义学？

三、来自和关于

博格丹对"来自……的信息"（information from）和"关于……的信息"（information about）作出了区分，并认为两者间的区别是物质信息和语义信息之间的一个原则性的区别。物质信息是根据物质类型的事实来理解的信息，而且在某个厚的层面上，它只服从于物质制约和物质规律。在理解物质信息时重要的是信源和接收者之间的相互作用，这个相互作用具有结构上的后果而且在结构上敏感于接收者身上的因果效用。语义信息则把信息看作是被赋予了关于性的某种事实以及被进一步塑造和制约的物质信息。如果仅仅把世界看作是事件、属性按照因果相互作用的排列，那么我们就获得物质信息的观念。宇宙中大部分信息都是物质信息。但是物质信息并不能完全看作是真正的信息。真正的信息是语义信息。

关于和来自可以看作是接收者和信源相关联的两种不同方式，其最主要的区别在于关于具有某种特殊性，而来自则不具有这种特殊性。关于总是指向某个特定多个目标，而来自则只能表明信息的来源，而且这个来源在数量上是难以计量的，因为存在有多少可能的因果链条就存在有多少可能的信息源。如果信源的一个状态相互作用于并产生了接收者中的一个状态，那么伴随着与这个相互作用联系在一起的一个末端开放的因果链，可能会出现无数的微结构和

[①] 对于英语 inform 一词在汉语中几乎找不到任何与之相对应的词汇对其加以翻译，所以，这里暂且用"获悉"来表示，但这绝不是一个恰当的翻译，"获悉"无法表达该词的全部意思。

过程。这些结构和过程中某些是处于这个信源本身当中的，某些则是这个信源更远的原因，但它们都会对接收者的状态产生影响。换句话说，接收者的状态是由难以计数的原因所赋形（in-formed）的，并因此编码了来自所有这些原因的信息。但是问题在于，接收者的这个状态能够关于所有的这些原因吗？显然不可能，因为关于一切的就意味着不关于任何特殊的东西，而不针对任何特殊的东西的关于根本就不能称之为关于。所以，"关于……的信息"不可能仅仅通过"来自……的信息"来说明。这就是物质信息的问题所在：它不能告知（inform）。也就是说，即便接收者编码了来自信源的信息，接收者身上也可能没有任何关于信源的东西被告知。因此语义学也不只是物质和因果性，它还需要物质的界线之外的某些别的东西。博格丹认为，这个东西就是目的论。"来自……的信息"在目的论的帮助下，即通过增加各种不同的目的和功能，就可以转化为"关于……的信息"。换言之，要想成为语义信息，信息就不能只是指向或者针对一般信源的信息，它必须有专门的、特殊的对象，目的论就是借以从一般信息转向个别信息的东西。一个系统的目标塑造了这个系统的内在作用，而这些内在作用则塑造了用以实现该目标的语义信息。一个系统的目标是对语义信息的外在限制，内在作用则是对语义信息的内在限制。这些限制在物质信息向语义信息的转化中发挥重要作用。

四、从目的论到语义学

被接收者所接收的物质信息对接收者而言只能算作是刺激信息。但是有机体却有能力对那些被内在标记的刺激信息结构重新进行编码，使这些结构能够关于环境中的另一个结构。有机体之所以要重新编码，是因为这满足了它们的需要和目标，即目的。语义信息提供了一种内在结构，有机体的需要和目标正是利用这种内在结构来实现它对环境的要求。因此目的（即目标和需要）及为满足目的服务的功能是语义信息得以在世界中存在的自然原因。"如果需要和目标为真，而且如果需要和目标引导针对特定种类要求的行为是一个事实，那么就必定一种形式的信息通过被适当的限制和塑造，使这个引导成为可能。"[1]反过来看，如果语义形式的信息是关于世界所是之方式的一种事实，那么目的论就是对这一事实最好的说明。博格丹说明了目的论和语义信息的关系。

目标、需要和功能是目的论中的基本类型，它们连同目的论的规律一起被看作是一种新的本体论过滤。例如，目标作为一种本体论过滤，可以把信源处

---

[1] Bogdan R J. Mind, content and information. Synthese, 1987, 70: 205-227.

能够满足该目标的某些条件过滤进来，而将其他的一些条件排除出去，使得一个有机体的感觉输入对应于一个适当的行为。通过这样一种过滤我们就可以解释通过知觉在一个有机体中被标记的一个输入结构如何与行为输出相一致。比如，为什么一头狮子觉察到并追逐一个猎物（狮子需要食物）？可以用目标对此作出解释：目标把远端对象的相关维度（可以吃的东西）过滤进来，而把这个对象的其他一些属性（如颜色、形状、气味等）排除出去。目标之所以能够作出这种解释，原因在于它对信息的形成作出了限制，这使得狮子既能够把对象知觉为可食用的，又对之作出相应的行为。目标可以被看作是有机体的行为能够满足的一类条件。条件不需要用语意来说明，目标本身也并不是语义结构。满足目标的条件可以是一个平台（适于降落）、一块肉（可以吃）等，并不需要语义参与其中。行为旨在通过与环境中相关类型对象的相互作用，来达成满足目标的条件。正是这一事实解释了语义信息的出现和运作。

  博格丹还对目标作出了区分，因为并非所有的目标都发挥相同的作用。目标可以分为终极目标和行动目标两类。终极目标，如进食、繁殖、避免危险等，行动目标则是工具性的、特殊化的目标，它适应于有机体的认知和行为在其中发挥功能的不同类型的条件。在语义信息的研究中需要的是行动目标。终极目标不是由信息满足的，而是通过行动目标的满足而被满足的，所以终极目标也不能塑造信息。终极目标对信息而言太过一般化。

  从内部来看，目标是由功能来实现的。有机体是由各个部分（如器官等）组成的，这些部分有助于达成目标的满足条件。只有当这些部分正确地执行其被设计的功能时，目标满足的条件才能实现。这些功能的执行则是由相关的信息结构激活和引导的，而要做到这一点，信息就必须以这些功能的执行者能够识别并对之作出反应的方式来编码信息。换言之，要被执行的这些功能，内在地塑造了使其执行成为可能的信息的形式。正是在这个意义上，目标和功能作为目的论类型把物质信息转化为语义的。

  但是诉诸目的论对语义信息的解释只能解释语义信息存在的理由及其基本原理，不能解释语义信息的全部。目的论不能解释语义信息是如何被编码、计算并流入行为的，而且它也无法解释特殊语义结构的特定的关于性。要进行这些更进一步的解释，我们就必须从对于信息系统的一般的目的论限制过渡到具体的内在结构条件和功能条件。

  在博格丹看来，从目的论到语义学要经历四个步骤：①从行动目标到行为对象；②从行为对象到语义类型；③从语义类型到语义类型的内在编码、加工和功能，即设计问题；④从设计问题到问题解决，即建筑的解决方案和表征的解决方案。步骤①说明要想确定行为感兴趣的是信源处哪种类型的特性，就必须考虑一个系统的行动目标。步骤②说明信源处这些类型的特性，被行为作为对象（类型），并被来自信源的刺激信息发送给这个系统，因此它们就是对这个有机体的目的论而言至关重要的语义方面。博格丹称这些语义方面为语义类型。例如，如果一只鸟具有安全着陆这一行动目标，那么一个合适的平面就是其着陆行为的一个最佳类型的对象。这个着陆平面的一些属性，如质地、平整度、大小等，以及与该平面的一些关系，如距离、角度等，就特别有助于引导行为，并因此可能成为语义类型的候选项。

　　一个有机体的语义类型是由其目的论类型所确定的，因为目的论类型指明了作为类型的环境方面有哪些是对这个有机体起重要作用的。但是，一个有机体的语义类型并不能表明这个有机体会如何把这个类型应用到它的行为当中。因此，我们还必须说明这个有机体内部是如何被组织的，以使它能够将语义贯彻下去。也就是说，我们要确定这个有机体是如何内在地处理关于相关语义类型的信息的。这就涉及设计的问题。步骤③说明设计问题涉及三个子问题，即编码问题、处理问题和意向性问题。这三个子问题是一个系统的设计所要解决的问题。编码问题就是要找到编码语义类型的正确形式。在一些系统中解决编码问题依靠的是句法的代码，甚至自然语言。处理问题涉及的是如何就这些编码进行运作以获得新的编码并最终产生行动。在一些系统中处理问题是通过计算来解决的。意向性问题涉及的是在语义上敏感的输入和输出的一致性问题。有机体需要具有一种功能，这种功能能够把输入和系统的行为以一种语义的方式一致起来，由此系统就可以按照目的论所选择的哪些对象的类型来行动，而这些对象类型的每一个现实的个例的出现都是由输入信号传达的。这种功能就是意向功能。意向性问题在这三个问题中最为重要，编码问题和处理问题可以被看作是完成意向一致性的方式。比如，以鸟类的设计为例。这个设计面临的编码问题是如何构造，如关于一个表面的大小、质地等的信息，处理问题是如何将关于这些方面的不完整的信息一致起来，意向问题是如何识别这个信息的语义意思（如这是一个可以降落的表面）并将这个结果反馈给适合的行为（如在此着陆）。步骤④说明了解决设计问题的两类主要方法，即建构的方法和表征的方法。建构的方法是原始的、固定的，它根植在系统组合和运作的方式当中。表征的方法依赖于适当的建构，是对语义信息的灵活编码。对设计问题的这两种解决方法是通过自然选择和人工设计来达成的。

五、博格丹与德雷斯基的分歧

博格丹称德雷斯基为当代哲学中的信息哲学家，并明确表示从德雷斯基那里学到很多东西。德雷斯基认为博格丹从目的论到语义学的过渡存在两个主要问题：一是它是非自然主义的，二是它是循环论证。博格丹对此作出了回应。博格丹认为，德雷斯基对他的自然化产生误解的原因在于他们两人采取了不同的自然化路线。在他看来，德雷斯基的自然化蕴含着类型还原和遗传解释，而自己的自然化则是要根据客观的类型和规律来确定某些东西的本质。至于这些类型和规律能否被还原为其他的一些类型和规律或者根据其他的类型和规律来作出遗传上的解释则纯粹是一个经验的问题。它涉及的实际上是对于世界在组织上是否具有层次性的本体论问题，但是无论这个答案是是还是否，其结果都可以容纳于自然主义。所以，两者的自然化路线没有本质的冲突。博格丹甚至承认德雷斯基的自然化方案在逻辑上是最优的，但即便如此也并不能否定自己的自然化方案。

对于第二个问题，即博格丹从目的论到语义学是否循环论证，两者争论的焦点在于目标。因为认知语义学通常是根据概念和态度来解释的。那么概念和态度的语义学所依赖的目标本身就不能是语义的。德雷斯基认为目标是语义的，所以博格丹从目的论到语义学实际上是从某些东西的语义学到另一些东西的语义学，那么这就是循环的。但是博格丹则对此表示否认，他认为目标不是语义的。博格丹不像德雷斯基那样把目标看作是欲望的满足条件。在他看来，目标不是一个被考虑的标靶，不是欲望的对象，亦不是欲望本身。换言之，目标不是一个系统内在的或者外在的任何一种类型的状态或者正在呈现的实体。目标是对有机体组织和行为的一类限制，它可以被看作是在遗传的（意向之前的）程序中被编码的一种指令，它会引导有机体产生某种状态。比如，目标可以导致生物发展（如长出翅膀、脑容量增加等）。所以，博格丹的理论实际上就是把目标看作指令，指令通过认知和行为来执行，执行的结果也就是满足目标的条件。但是，对这个目标本身并不是语义的。用博格丹的话说，指令不需要关于其执行的结果。比如，我有一个到图书馆去的指令，那么这个指令不需要包含关于这个图书馆本身的任何东西。一般而言，在大多数遗传程序当中都没有必要具有有机体被指令要达到的那个条件的信号或者表征。只有到了目标的执行阶段，认知的语义学才开始出现。有机体的行为必须以目标的满足为导向，这就要求导向的作用是由信息来承担的，所以对于信息如何发挥这种导向一定有所限制。意向性即是根源于此。概念和态度通过以语义形式将信息类型化来执行目标指令，从而引导行为指向满足这个目标的那些环境方面。概念和态度作为目标指令的意向执行者是关于行为感兴趣的那些对象的，因此是具有语义的。这一点在欲望和计划那里表现得尤为明显，因为它们总是将事态投射在观念当中。德雷斯基认为这些东西就是目标，但博格丹则认为不是。在博格丹看来，欲望虽然是语义的，但却不是作为基本指令的真正目标。

第六章

福多的非对称依赖性理论

福多是语义自然化运动的又一个重要代表人物。福多曾表示过他的哲学旨趣不在于心理状态的本体论分析，但是这并不代表福多没有自己的本体论标准和承诺。相反，福多的本体论标准是非常明确的："凡是具有因果力的东西，就其事实本身而言都是物质的"[1]，因此信念、欲望等心理状态在物理世界中具有其本体论地位是自明的。由此可见，福多的本体论标准与物理主义和因果性是一致的。福多对因果性的强调尤为突出，他常常用"在因果序列内"来表述他在本体论上承诺的东西。在随后我们将看到，他对因果性的强调直接影响到了他构建信息内容理论所采用的方法。在福多看来，因果序列内有能力进行表征的东西有两类：一类是像信念、欲望这样的心理状态，另一类是符号（symbols）。因此能够具有表征内容的东西只能是心理状态和符号。虽然有时候福多也用符号来表示语言表达式之类的东西，但更多的时候，符号和心理表征处于相同的地位。福多曾强调说："当我说到符号时，我心里想的几乎总是心理表征。"[2] 如果具有表征内容是因为具有表征能力，那么又是什么使得心理状态和符号具有了表征能力呢？这就涉及对表征问题本身的探讨，福多认为这是语言哲学和心灵哲学共同的主要业务。

第一节 思维媒介及其自然化

人的天生思维具有一种超越自身与其他存在或不存在的对象发生关系的能

---

[1] Fodor J. Psychosemantics. Cambridge: The MIT Press, 1987: x.
[2] Fodor J. Information and representation//Hanson P. Information Language and Cognition. Vancouver: University of British Columbia Press, 1990: 173-190.

力，这种能力被称为意向能力或者心灵的意向性。通过这种意向能力或者意向性思维能够将对象纳入自身之内使之成为思想的内容。但是人在思维的时候肯定不能直接将对象本身作为原料进行思维，因此大多数哲学家都主张思维肯定具有某种媒介。思想必须依靠媒介才能获得其内容。福多对思维媒介的理解与他对意向性问题的理解是分不开的。意向性问题是心灵哲学的一个焦点问题，关于意向性的本体论地位存在着二元论、实在论、取消论和解释主义等多种看法。福多采取的是意向实在论的观点。福多说："尽管意向实在论的其他版本无疑也是可以想到的，但我更倾向于选择被称之为思维语言（LOT）假说的那种形式的理论（或者换一种说法，心灵的表征理论）。"①

那么，什么是福多所说的思维语言呢？为什么以信息为基础的语义学基本上都乐意赞成思维语言假说呢？回答这个问题应该从思维和语言之间的关系说起。在20世纪70年代之前，人们几乎普遍认为思维离不开语言，语言就是思维的媒介和加工对象。但是在20世纪末，这种观点遭到了比较广泛的质疑："具有音或者形的自然语言怎么可能进入大脑并为之储存、提取和加工呢？"②换言之，什么样的东西才能够进入大脑成为思维的对象呢？我们可以反过来，用逆推的方法来回答这一问题。首先，人的思想是由内容的，思想内容就是对命题的一种态度。比如，对"天要下雨"这个命题，如果我想到了它，那这就构成了一个思想内容。因此命题态度就是有机体与心理表征或者心理符号的一种关系。在福多看来，思想有内容实质上就是有命题，而有命题实际上是由心理表征呈现出来的，因此要研究思维内容就必须研究心理表征。计算机技术的发展和应用为研究心理表征提供了帮助。计算机在进行计算时使用的是一种形式化的机器语言，以此为模型我们可以假定人在思维的时候使用的也是一种形式化的语言。这种形式化的语言既要能够为人的思维直接加工，又要能够与自然语言具有相应的类似关系。比如，思维语言也应该有语词、句法、符号和符号个例，它应该比自然语言更精确，同时具有一个普遍的形式为自然语言提供依据。作为一个符号、一个媒介，思维语言还有一个重要的作用就是能够携带信息，这是由思维语言能够为思维所加工并最终产生思维内容决定的。因为以信息为基础的语义学试图根据信息来说明语义，那它不得不回答的一个问题就是信息与思维有什么关系？思维是怎样将信息转化为内容的呢？而且信息要依赖某种媒介才能够传输，什么东西能够在思想中充当信息的媒介呢？福多的思维语言

---

① Fodor J. Psychosemantics: The Problem of Meaning in the Philosophy of Mind. Cambridge: The MIT Press, 1987: xiii.

② 高新民. 意向性理论的当代发展. 北京：中国社会科学出版社，2008：468.

假说为这一系列问题找到了答案。思维语言就像自然语言一样能够携带信息，但同时又能够进入头脑中为思维直接加工，这就为信息进入大脑提供了条件，所以各式各样的信息语义学都把思维语言作为一种理想的工具。"思维语言就是人在思维过程中所专有的一种不同于自然语言而近似于计算机语言的、内在的、特殊的符号化系统，亦即是存储、载荷信息而为思维提取出来、直接呈现在思维面前为其加工的语言媒介。"[1]

第二节 析取问题

福多的自然化语义学思想主要体现在他的一些代表著作当中，如《心理语义学》《信息与表征》及《内容理论》。在这些著作中，福多声称，他的内容理论从根本上说是信息语义学的一部分，包含在对内容的信息探讨的传统当中。福多并不像德雷斯基那样从通信理论出发来为自己的理论构筑作为理论前提的信息概念。他用于说明内容的信息概念很大程度上借鉴了德雷斯基[2]。但是作为用信息说明意义的一个必要的步骤，福多对信息和意义的关系作出了自己的区分。

一、意义和信息的澄清

福多认为，析取问题的成因在于信息和意义之间的混淆。一个符号所携带的信息是由其原因论决定的。也就是说，如果一个符号的个例有两类不同的原因论，那么该符号的个例就会携带两类不同的信息。比如，对于"狗"这个符号，其有些个例是由狗引起的，而另一些个例则是由黑暗中的猫引起的，那么，前者携带的就是关于狗的信息，而后者携带的则是关于猫的信息。但是，不管一个符号的那些个例是如何被引起的，该符号的意义都是该符号的所有个例所共有的东西之一。比如，"狗"这一符号的所有个例"狗"都意指狗，不意指狗的符号个例肯定不是"狗"个例。因此，在福多看来，析取问题的症结就在于

---

[1] 高新民. 意向性理论的当代发展. 北京：中国社会科学出版社，2008：468.
[2] Millikan R G. What has natural information to do with intentional representation?// Walsh D. Naturalism, Evolution, and Mind. Cambridge, New York: Cambridge University Press, 2001: 105-125.

意义和信息之间的区别。意义和信息分别以不同的方式和原因论相关联，信息总是伴随着原因论，而意义则不然，所以如果把一个符号的意义和该符号的个例所携带的信息混为一谈就会产生析取问题。

根据 IBST，"意指"的意思是单一的，比如，在"'烟'意指烟"和"烟意指火"这两个句子中，"意指"唯一的一个意思就是"携带关于……的信息"。但这会造成一个问题。因为，根据信息理论"携带关于……的信息"是可以传递的，所以，如果"'烟'意指烟而且烟意指火"，那么"烟"也就意指火。但事实情况并非如此。事实上，在多数情况下，"烟"都不携带关于烟的信息。"烟"只是表征着、代表着或者应用于烟。作为心理表征的"烟"情况与此类似。"携带关于……的信息"和"表征着、代表着、应用于"存在着本质的差异，前者是可传递的，而后者则不是。比如，如果本书第一页的第一个词是"马克思"，那么"本书第一页的第一个词"这个表达式就表征着（或者代表着、应用于）"马克思"。虽然"马克思"这个词还表征着马克思。但是我们并不能由此说，"本书第一页的第一个词"本身就表征着马克思。"本书第一页的第一个词"表征的只是本书第一页的第一个词。正如福多指出的："说得客气些，如何甚至是否能够把一个符号与该符号所表征的东西之间的关系还原成一个符号与该符号携带了关于其信息的那个东西之间的关系，这是不甚明确的。"①

二、贴标签和表征

福多认为，一个符号有两种方法来陈述某种为真的东西。一种方法是贴标签式的方法。具体做法是，为每一个符号类型（symbol-type）都配备一个相关的外延，而使一话语（思维）为真的方法就是将该符号的一个个例应用于该符号的外延中的某个东西之上。福多形象地将符号的这种用法称作"贴标签用法"。比如，"一匹马跑过来了"这个句子要为真，那么这个句子中的"马"就要应用于"马"的外延中的某个东西之上（如一匹白马）。第二种方法是表征式的方法。比如，我说："一匹马有四条腿。"在这里，完全不存在把"马"个例应用于"马"类型的外延中的某种东西之上这样的问题。因为这里的"马"个例只是用来表征与相应的"马"类型相关的那个外延。也就是说，当我使用了"马"来说一匹马有四条腿时，我并不是要把"马"这个术语应用于什么东西，

---

① Fodor J. Information and representation//Hanson P. Information Language and Cognition. Vancouver: University of British Columbia Press, 1990: 173-190.

而是用"马"来表征该术语应用于其上的那些东西。在存在句中这样的例子还有很多,比如,"有马"(There are horses)这里的"马"就是表征某种东西,而非贴标签。在这些情况下,"马"的这些个例都是符号,而且都是具有真实意向属性的东西的例示。

那么用于贴标签的符号和用于表征的符号之间是什么关系呢？非自然化的语义学(福多将之称为老祖母语义学)对此问题的回答是：在这两种情况下,符号具有同样的意义。按照这种观点,一个符号在进行表征时所表述的属性,就是想要进入该符号的外延中的那些东西所必须具有的属性。换句话说,正是这些东西必须具有的那个属性保证了将符号应用于这些东西为真。根据 IBST 的观点,符号个例携带着关于引起它的东西的信息。在 IBST 和非自然化的语义学之间存在着某种结构上的对称性。在非自然化的语义学那里,符号 S 应用于对象 O 是因为 O 具有 S 所表述的属性 P。在 IBST 这里,符号 S 携带 O 是 P 这一信息是因为 P 的例示和 S 的个例之间所具有的因果联系。很明显,前者认为 S 应用于 O 是因为 S 表述了 P 而且 O 是 P。后者认为 S 应用于 O 是因为 O 是 P 而且 S_s 携带着关于 P_s 的信息。福多认为:"正是结构上的这个明显的对称性使 IBST 所说的一个符号的个例所携带的有关于其例示的信息的这个属性同一于老祖母语义学所说的这个符号所表述的这个属性。"① 这样,IBST 就得到了它想要的还原,即将"被表述的属性"还原为"符号个例携带关于其例示的信息的那个属性"②,再将后者还原为自然主义观念中的属性,即 O_s 的属性,并因此 "O_s 引起 S 个例"是反事实支持的。

根据符号与该符号应用于其上的那些东西之间的关系来对符号的贴标签用法作出一个自然主义的说明是可行的,但是同样的方法应用于对符号的表征用法进行自然化则是行不同的。因为一些符号个例产生的原因不是直接在场的对象,而只是思维。比如,对赛马场的回忆使我产生了"马"的个例。而且如果该回忆引起这个个例是反事实支持的,那么这个个例就会携带关于我的思想的信息,而非关于马的信息。根据 IBST,符号携带着关于在因果上控制其标记的那些事件的信息。但问题在于,一个符号的表征个例——与其贴标签个例不同——并不是由其外延中的事件引起的。福多由此认为,在思考中符号的典型用法是表征,而非贴标签。虽然有时人们也会想到"这是一匹马":这确实也是思维,这种类型的思维是知觉过程的一般产物,而且有时还会在推理中发挥作用。但这并不能否认在思维中进行的主要过程是从表征到表征。因此有理由

---

①② Fodor J. Information and representation//Hanson P. Information Language and Cognition. Vancouver: University of British Columbia Press, 1990: 173-190.

认为，IBST 至多提供了知觉中而非思维中的一个表征的自然化理论。福多引用了德雷斯基对青蛙表征系统的分析来证明他的这一观点：青蛙不能思考，只能知觉，所以德雷斯基的说明只适用于具有低阶表征系统的动物，而不是用于人类。

第三节　表征问题和错误问题

那么 IBST 是如何试图来摆脱上述这一困境的呢？这就牵涉到了 IBST 常用的一个办法，即通过副词（或状语）来施加限制。比如，IBST 常常会用到下述这样一个句式：贴标签式的"马"的出现是有实际在场的马（副词）引起的。这个句式的作用在于，通过在副词上的限制来表明"马"这个个例是如何被引起的，以便说明它携带什么信息。对于副词位置所填充的内容，在不同的 IBST 版本中有不同的选择，如"通常的""一般的""理想的""在统计上""反事实条件支持"等。但是表征性的个例"马"的出现明显不是这样被引起的，因为它根本就不是由马引起的。例如，对赛马场的思考过程中出现的"马"的个例就是由关于赛马场的思维所引起的。因此，像这里的"马"这样的个例携带着其原因是关于赛马场的思维这一信息，而不携带其原因是马这一信息。对于一个表征性的符号个例的出现，如果作为其副词原因的这类事件是思维，福多就称此类事件为 T 事件，即由思维（T）事件。

这样，一个符号个例大体上就有两类原因：由实际在场的对象（马）所引发的贴标签式的符号个例和由 T 事件所引发的表征式的符号个例。那么，既然符号"马"的个例是由马例示或者 T 事件例示（副词）引起的，而且还都携带了关于这两类事件的信息，那么现在的问题是：为什么"马"意指马而不意指马或者 T 事件呢？这个问题就是所谓的表征问题。此外，当对"马"的应用为真时，"马"是由马（副词）引起的。但是，在思维或者话语中偶尔会出现对"马"的错误应用，而且对"马"的这个错误应用事实上不是由马引起的。在某些情况下，我会把牛误认作马。那么，"如果有马或者在某些情况下的牛，则有'马'个例"这样一个概括即为真，而且是反事实支持的。这样，根据对"携带信息"的标准说明，我的"马"个例就会携带该个例由马或者在某些情况下的牛引起这一信息。所以，最终得到的一个令人难以接受的结论是："马"并不意指马，而且由牛引起的"马"（按照贴标签的用法）为真（因为携带信息所以为真）。这就是所谓的错误问题。表征问题和错误问题都是析取问题的具体表现，可以看作是析取问题的一体之两面。析取问题对于各式各样的信息语义学来说都是一个困境。但是其中表征问题比错误问题更复杂、更难以解决。如何从这个困境中摆脱出去，是包括福多、米利肯、德雷斯基等在内的信息语义学家面临的一个难题。解决这一难题的一个主要的办法是依靠副词来进行限制，按照福多的话说就是"通过玩弄副词"。因为，"马"个例可能有时候是由牛引起的，但是它们并非——副词地，即通过副词限定之后——由牛引起。通过副词限定后的个例总是由马引起的，并因此总是为真。当然，用作限定的这个副词本身也必须是非语义和非意向的。

一、析取问题的成因

福多认为，在思考中，符号的典型用法是表征，而非贴标签。所以，以信息为基础的语义学所提供的充其量是知觉中的一个表征的自然化理论，而不是思维中的一个表征的自然化理论。符号的一些个例是由该符号应用于其上的那些东西所引起的，如由马引起的"马"；另一些个例则是由其他东西引起的，如由牛引起的"马"。标准的 IBST 在这两种符号个例之间作出了区分，这个区分如图 6-1 所示：

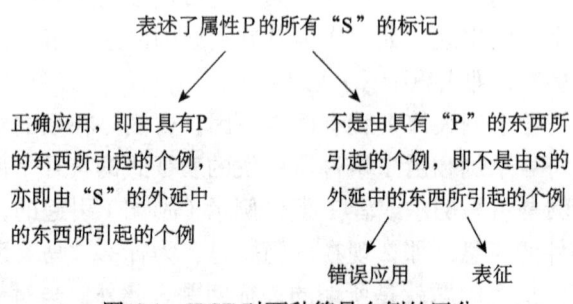

```
             表述了属性 P 的所有 "S" 的标记
              ↙                    ↘
   正确应用，即由具有 P          不是由具有 "P" 的东西所
   的东西所引起的个例，          引起的个例，即不是由 S 的
   亦即由 "S" 的外延中          外延中的东西所引起的个例
   的东西所引起的个例              ↙         ↘
                              错误应用      表征
```

图 6-1 IBST 对两种符号个例的区分

图 6-1 右侧的每一个范畴都存在有析取问题。福多认为，IBST 的贴标签式的方法对图 6-1 左侧是正确的，因为正确的标签携带着关于其原因的信息。但是，IBST 关于正确贴标签的理论本身并不能重构符号和该符号所表述的属性之间的关系。比如，它不能说明为什么"马"意指马。"因此，与 IBST 论者一般认为的不同，一个符号与该符号所表述的属性之间的关系，并不是直接由关于

被携带的一个信息的理论所决定的。析取问题的发生表明了以下两种分析之间的一个普遍混淆，即对一个符号与该符号表述的属性之间的分析和对正确贴标签的分析之间的混淆。"①

二、福多对析取问题的解决方法

福多对其他自然化方案选用的那些副词的效用表示怀疑，认为它们当中即便有些副词能够解决错误问题，但也对表征问题无能为力。例如，"理想的"和"自然选择的"即是如此。福多说："或许你能够离开误贴标签而理想化，但是你不可能离开思考而理想化。"②

在《信息语义学》中，福多对上述难题作出了自己的回答。福多借鉴了一个柏拉图式的原则来作为解决析取问题的指导原则：错误总是（在本体论上）寄生于真理。根据信息语义学，有些"马"确实在因果上是依赖于牛的，同样也有些"马"在因果上是依赖于马的。但是这两种情况之间存在着一个区别："马"对牛的因果依赖本身依赖于"马"对马的因果依赖，但是"马"对马的因果依赖则不依赖于"马"对牛的因果依赖。日常生活中的直觉也告诉我们，人们将马称作"马"，虽然有时对牛的错误识别会导致人们将牛称作"马"，但是人们仍然会用"马"为马贴标签，而并不会用"马"去为牛贴标签，而且前者不依赖于后者，但后者却依赖于前者。正是这种非对称性确保了"马"意指马，而不意指马或者牛。而且正是由于这种非对称性，由牛引起的"马"就是误贴了标签。

对于符号与符号所表述的属性之间关系的理论，福多给出的说明是：如果马的个例意指马，那么（1）"马"的一些个例携带这些个例由马引起这一信息，而且（2）"马"的不携带这一信息的那些个例非对称地依赖于携带这一信息的那些个例（这只是福多给出的这一理论的一部分，还有两点见《内容理论》第二部分）。

福多认为他的这一理论解决了析取问题。第一，将"马"应用于马表述了属性马，并且携带了其原因是马这一信息，这是一种关系；此外"马"的所有其他标记非对称地依赖于前面这种关系。第二，"马"的表征标记表述了马这一

---

① Fodor J. Information and representation//Hanson P. Information Language and Cognition. Vancouver: University of British Columbia Press, 1990: 173-190.

② Fodor J. Information and representation//Hanson P. Information Language and Cognition. Vancouver: University of British Columbia Press, 1990: 173-190.

属性，而且将"马"勿用于牛同样也表述了马这一属性：上述这两种情况都非对称地依赖于"马"具有这样一些标记，这些标记携带着其原因是马这一信息。第三，由牛所引起的"马"的标记并不表述牛或者马这一属性，因为它们非对称地依赖于由马所引起的"马"标记，而非由马或者牛所引起的"马"标记。由马引起的"马"和由牛引起的"马"共同之处不在于它们所携带的信息，而在于它们所意指的东西，即它们都表述了马这一属性。IBST对错误问题的处理的问题就出在它们都试图使一个符号的诸错误标记都携带正确标签所携带的信息。福多认为IBST的这种处理不能奏效而且违背了其自身的基本原则，即符号个例携带关于其原因的信息。一个符号携带的信息和意义之间的关系可以概括为：携带关于P—例示的信息的信息的一个符号意指P，如果该符号携带的其他信息（该符号能够进入其中的其他那些因果协变）非对称地依赖于它携带着关于P—例示的信息。①

三、福多解决错误问题

然而到现在为止，表征问题虽然解决了，但错误问题尚未解决。例如，我们已经知道了在"马"不是由马引起的时候，"马"的一些错误应用何以能够意指马。但是，还有"马"其他的一些个例同样不携带马引起这样一些个例"马"这一信息（例如，表征个例携带的是关于某一思维的信息），这些个例明显与"马"的错误应用不同，是什么造成了这个不同呢？此外，错误是我们想要避免的东西，其非对称地依赖于正确的贴标签本身能够解释我们想要避免错误这一行为。相比之下，那些表征个例同样是非对称地依赖于正确地贴标签，但我们却没有想要避免它。由此可见，仅仅用非对称依赖性来说明错误还是不够的，想要说明错误问题，我们还要有专门的关于错误的理论。福多指出："现在的情况是，我们要解决析取问题，就需要关于错误的一个理论，这不是因为错误把析取问题呈现出来，而仅仅是因为我们需要关于错误的一个理论。"②福多本身并没有形成关于错误的一套完整的自然化理论，但他为解决这一问题提供了一些非常有价值的建议。福多主要关注的是错误应用，即误贴标签。福多强调错误牵涉到了错误表征。例如，一个人把"马"应用于牛的问题就在于，这个人把牛表征为具有"马"所表述的那个属性，即作为一匹马的那个属性。这个简单的事例中表现出两个要点：一是把一个符号（如"马"）应用于一个事物（如

---

①② Fodor J. Information and representation//Hanson P. Information Language and Cognition. Vancouver: University of British Columbia Press, 1990: 173-190.

牛），二是一个符号表述了一个属性（如"马"表述了马的属性）。通过表征问题的解决我们已经说明了一个符号如何表述一个属性。现在有待说明的是把一个符号应用于一个事物，即符号的应用。

把一个符号应用于一个对象除了该对象引起符号的一个个例之外，还需要别的一些条件，如主体以某种方式推理和行动的倾向。比如，你把"马"应用于奶牛而且真的相信"马会产牛奶"，那么你对奶牛的行为倾向就一定按照你对待马和产牛奶的行为倾向进行。所以现在的问题就变成了，如何用自然化的方式来描述所谓的"真的相信""按照某种方式推理和行动的倾向"等。福多的方法是诉诸他的"真信念盒"（believe-true box）理论。"真信念盒"是根据盒子中包含的那些符号的因果作用来定义的，也就是说，如果一个符号的某些个例具有某种因果，那么就可以说这个符号处在"真信念盒"当中。例如，对于"奶牛是马"这个符号，把"是马"应用于奶牛的方法就是要让"是马"这个符号的一个个例处在你的"真信念盒"当中。

第七章

信息及其特征

信息是什么？这是一个既基本又难解的问题。似乎在每个人那里都有不同的答案。从现象上看，信息总是与计算、通信、数据、知识等关联在一起，但它显然又不同于这些东西中的任何一个。在日常生活中，我们受信息指引来安排自己的行动，甚至不惜花费大量的金钱和精力来获取信息。在科学和哲学研究中，研究者们围绕信息创立了各式各样的学说。但是上面提到的这些"信息"指的是什么呢？它们是不是同一个东西呢？有没有将所有这些"信息"统一起来的一个一般的信息概念呢？日常生活中的普通人不会注意这个问题，从事科学研究的科学家和工程师们不屑于思考这个问题，所以这个问题只能由哲学家来回答。在当前，"信息"已经成为一个重要的哲学概念。信息作为一个强大的解释项，被越来越多的人寄予厚望，信息哲学作为一门独立的哲学分支逐渐获了哲学界的认可，甚至关于哲学将迎来信息转向的呼声也不绝于耳。无怪乎美国哲学家亚当斯会评价说："将信息概念引入哲学研究是 20 世纪最重要的哲学成就。"[①]但是这样一个重要的哲学概念，在被称作信息时代的今天，却仍然言人人殊，未知所定。似乎关于信息的讨论越多，信息就越难以把握。因此，从哲学层面澄清信息概念，阐明信息本质，既具有重大的理论意义，又符合时代精神的现实要求。

第一节 信息与形式

首先存在的是信息，"信息"一词是随后才出现的，但是对信息本身的追问，却要从追问"信息"起步。而一当我们对"信息"这个语词展开分析,信息与形式的关联就会首先显现出来。这种关联并不是随意的,因为西方人在创造"信息"一词时,也并不是随意的,而是在构词时将他们对该词最初的理解表达出来。所以,进行词源学分析,既可以帮助我们澄清有关于该词的混淆,又可以使我们初步把握该词的本质特性。

一、信息的词源学分析

"信息"(其英文中的对应词汇为"information"),源自于拉丁语词"informare",后者是"信息"一词的动词形式,大致相当于英语中的"to inform"。从直观上看,"inform"这个词有两部分构成,即"in"加上"form"。"form"是传统哲学中常见的一个词汇,即"形式",把它与表示"内部""里面"的"in"放在一起作为动词使用,明显带有"将形式置入……当中"的意思。比如,根据西塞罗(Cicero)的用法,拉丁语词"informare"意指:为了改进或者指导某事物,而把一个形式(form)施加给某一事物,特别是施加给心灵[1]。在中世纪的经院哲学家那里,信息和物质化(materialization)是伴随在一起的。他们认为,事物由形式和质料构成,形式为质料赋予形式,质料使形式物质化。在"信息"一词的进化过程中曾有多重含义与之联系在一起,而其中最受哲学家们关注的一种含义则是知识。把信息与知识关联起来直接源自于把形式给予心灵这一观念:训练、指导或者教授的过程也就是把形式给予心灵并因此提供知识的过程。比如,在柏拉图那里,知识就是超出个别事物并把握普遍的观念和形式。

在"信息"一词进入科学领域之前的数百年时间内,信息都意指知识。这种情况虽然随后有所改变,但信息和知识之间的密切关联却一直持续下来。知识和信息往往被用来相互说明。比如,鉴于信息会产生知识并且会改变信息接收者的知识状态,贝尔(D. A. Bell)就曾对信息作出过这样的说明:信息"被量度为接收者在通信前后知识的状态之间的一个差异"[2]。德雷斯基把知识描述为"由信息引发的信念"[3]。随着"信息"出现在科学当中,一些新的意义被赋予了信息,混淆也开始出现。抛开日常语言中人们对"信息"一词的令人眼花缭乱的各种用法不谈,仅在科学和哲学领域对"信息"的使用就足可以用混乱来形

---

[1] Borgmann A. Holding on to Reality: The Nature of Information at the Turn of the Millennium. London: The University of Chiversity of Chicago Press, Ltd., 1999: 9.
[2] Bell D A. Information Theory and its Engineering Applications. London: Pitman and Sons, 1957: 7.
[3] Dretske F. Knowledge and the Flow of Information. Oxford: Basil Blackwell, 1981: 86.

容。特别是最近几十年,"信息"一词已经成了"万金油"。从或新或旧的各种版本的二元论到自然化的各种理论,从关于心灵的各种理论到关于世界本质的各种探讨,处处都能见到"信息"参与其中。信息与能量、信息与逻辑、信息与认知、信息与实在等关于信息的理论被构造起来。但似乎关于信息的说明越多,我们关于信息的观念就越混乱,以至于甚至有人断言,能够涵盖一切领域的一个统一的信息概念是不可能的[①]。

二、信息的形式概念

关于"信息"的上述所有这些混乱都是由对信息的一个开创性研究引发的。这个开创性的研究与申农的名字联系在一起。1948年,信息论之父申农发表了划时代的论文《通信的数学理论》。通信的数学理论,亦称通信理论,它旨在解决某些特定的技术问题。在19世纪40年代,人们普遍认为增加一个通信信道的信息传输率,就会使通信的错误概率增加。但申农通过他的论文证明,事实并非完全如此:只要通信率(communication rate)保持在信道容量(channel capacity)之下,错误就不会增加。在通信理论中,申农给出了一个重要的概念"信息量",即关于信息的量度。凭借这个精确的量度,符号就能够流过通信信道,如电话、电脑、电报等,但是通信理论所使用的"信息"与意义或者知识完全无关[②]。申农也认为通信理论并不能为内容和意义的研究提供什么帮助,他曾断言:"这些消息经常具有意义;也就是说,它们涉及的是或者正确地对应着具有某些物理的或者概念的统一体(entities)的某一系统。通信的这些语义方面与工程问题毫不相干。"[③]或许正是由于申农的这个观点,导致信息理论在很长一段时间都没有被用于哲学研究。

信息的形式概念主要是从句法的角度对信息进行界定,因此又可以称作信息的句法概念。从句法角度对信息作出界定最早可以追溯到申农在《通信的数学理论》中对信息的界定。通信的数学理论离不开通信有三个基本要素,即信源(S)、接收者(R)和信道(CH),通信过程就是信息由信源通过信道到达接收者,而通信理论则是要量度通过一个信道有多少信息得到传输。如果 S 有一系列的可能状态 $S_1, S_2, \cdots, S_n$,而且这些可能状态发生的概率分别为 $p(S_1)$,

---

[①] 卢西亚诺·弗洛里迪. 计算与信息哲学. 刘刚等译. 北京: 商务印书馆, 2010: 33.
[②] Young P. The Nature of Information. New York: Praeger, 1987: 6.
[③] Shannon C. The mathematical theory of communication. Bell System Thchnical Journal, 1948, (27): 379-423.

$p(S_2)$, …, $p(S_n)$，那么在信源处由 S_i 的发生所产生的信息量就是

$$I(S_i)=\frac{\log 1}{p(S_i)} \tag{7.1}$$

这里的"log"是以 2 为底的对数，由此计算而产生的单位被称为"比特"，即二进为单元的简称。$1/P(S_i)$ 表示的是 S_i 的各种可能状态通过某种方式减少为一种确定的状态。例如，如果两个同样可能的可选择性事件中有一个发生了，那么由此产生的信息量就是 1 比特。这样，信源处产生的平均信息量就等于信源的每个状态所产生的信息量 $I(S_i)$，依其发生概率 $P(S_i)$ 所进行的加权

$$I(S)=\sum p(S_i) \cdot I(S_i)=\sum p(S_i) \cdot \frac{\log 1}{p(S_i)} \tag{7.2}$$

当所有的 $P(S_i)$ 都具有相同值时，即当信源的每个状态发生的可能性都相同时，$P(S_i)=\frac{1}{n}$，这时 $I(S)$ 就有其最大值（等于 $\log n$）。

与此类似，如果 R 有一系列的可能状态 r_1, r_2, …, r_n，这些可能状态发生的概率分别为 $P(r_1)$, $P(r_2)$, …, $P(r_n)$，那么在接收者处由 S_i 的发生所接收的信息量就是

$$I(r_i)=\frac{\log 1}{p(r_i)} \tag{7.3}$$

那么接收者处被接收的平均信息量就是

$$I(R)=\sum p(r_i) \cdot I(r_i)=\sum p(r_i) \cdot \frac{\log 1}{p(r_i)} \tag{7.4}$$

$I(S)$ 和 $I(R)$ 之间的关系可以用图 7-1 来表示：

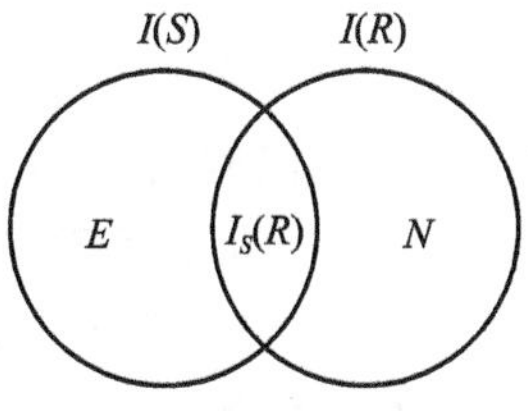

图 7-1 $I(S)$ 和 $I(R)$ 关系图

在图 7-1 中，$I(S, R)$ 表示信息传输量（transinformation），即在 S 处产生并在 R 处被接收的平均信息量。E 表示模糊（equivocation），即在 S 处产生但没有在 R 处被接收的平均信息量。N 表示噪声（noise），即在 R 处被接收到但却不是产生自 S 处的平均信息量。如下所示：

$$I(S, R)=I(S)-E=I(R)-N \tag{7.5}$$

E 和 N 是对信源 S 和接收者 R 之间在量上所具有的相关性的一个量度。如

果 S 和 R 完全不相关，那么 E 和 N 的值最大（$E=I(S)$ 并且 $N=I(R)$），而 $I(S, R)$ 的值最小 [$I(S, R)=0$]。相反，如果 S 和 R 是完全相关的，那么 E 和 N 的值最小（$E=N=0$），而 $I(S, R)$ 的值最大（$I(S, R)=I(S)-I(R)$）。

需要注意，E 和 N 的值不但要受到信源和接收者的影响，而且还要受到通信信道的影响。通信理论根据信道来计算 E 和 N 的值，但这两个值与我们所要进行的研究关系不大，而且计算过程比较复杂，所以此处不再介绍（看似还应介绍）。

申农的信息概念虽然也是句法概念，但它强调必须借助信源、信号、接收者等对信息进行说明。但最近十几年来，在某些学者的著作中，从句法角度定义信息的做法被贯彻到了极致，信息概念完全被看成是一个句法概念。比如，卡夫（T. Cover）和托马斯（J. Thomas）所著的《信息理论要素》就是此种观点的代表[1]。他们仅仅从随机变量和概率分布来定义信息理论的各个基本概念。根据这种观点，即便两个变元之间没有合法则的关系，也可以界定这两个变元之间的相互信息。例如，两幅随机排列的扑克牌，如果它们的每一张牌排放的次序都恰好是相同的，那么它们之间就有一个相互作用的信息。信息的句法观点不涉及信息的意向特性，因此信息和知识之间的联系也被取消了。但是，信息句法理论也有它自身的优势，其最大优势在于通过把信息转变成为一个句法概念，信息概念获得了一种一般性，这种一般性使它成了科学的、强有力的形式工具。由此，信息理论得以被应用于众多领域。借助物理信号的通信知识是信息句法理论的具体应用之一。除此之外，它还可以被应用于统计物理学、计算机科学、统计学等。当然，这个一般性的获得是以牺牲它和知识的联系为代价的。根据信息的句法观点，"信息"一词既不是事实科学的用语，也不是日常用语，它是一个科学的但却是完全形式化的概念，它是纯形式，没有语义内容。这样信息理论就完全变成了数学理论，即概率理论的一部分。只有在该理论的概念在语义上获得解释时，它才能够被用于具体领域。

申农的通信理论在"形式"这个方面与"信息"是保持一致的。因为，通信理论在本质上是关于信息的数学理论，它试图量度一个消息的信息内容。所以，申农的通信理论连同其他一些从逻辑方面探讨信息的理论都被称作信息的形式理论[2]。在这个意义上，申农的理论仅是信息的"句法"理论，而忽视了

---

[1] Cover T M, Thomas J A. Elements of Information Theory. New York: John Wiley & Sons, 1991.

[2] Bavaud F. Information theory, relative entropy and statistics//Sommaruga G. Formal Theories of Information: From Shannon to Semantic Information Theory and General Concepts of Information. Berlin, Heidelberg: Springer-Verlag, 2009: 54-78.

"语义"问题。但是，一定要注意，这里说申农的信息论忽视了语义问题，并不意味着该理论不能被用作语义学研究，实际上该理论在语义研究方面产生的影响远远超出了申农的预期，信源、信道、信息量、信道条件等概念都经常为以后的信息语义研究所借鉴。甚至可以说，只要是从信息出发来进行语义研究，就可不能不对申农的理论作出回应。正如卡尔纳普在《语义信息》中所说的，信息论（申农）极具启发意义，在不久的将来就会大放异彩。当然，信息论本身还具有的其他潜在的理论价值，我们会在随后章节中详细说明。

第二节　信息与意义

信息、内容和意义在日常生活中，以及其他很多地方常常被人为地混淆在一起。这种混淆对说明信息和意义都产生了非常不利的影响。当代心灵哲学和信息哲学发展的一个趋势就是要解除信息和意义之间的绑定，其基本结论是：信息与意义既有相关性但又有差异性，它们之间的相关性是偶然的、相对的，但差异性是必然的、绝对的。这一点在当代的信息语义学中体现得最为明显，因为信息语义学的一个基本前提就是承认信息相对于意义的绝对独立性和客观性，因此几乎所有的信息语义学家在构建自己的信息语义理论时都会从事将信息和意义相区别的工作。

一、信息不是意义

信息和意义是偶然相关的。有信息不一定有意义，有意义也不一定有信息。把信息和意义区别开来并不是我们的目的，而只是为达成我们的目的而迈出的第一步。我们最终的目的是要用信息去说明意义，即完成从信息到意义的飞跃。

信息和意义这两概念之间存在着巨大的差异，这种差异主要表现在以下几个方面。第一，一个信号携带的信息可以超出该信号的约定意义。因为一个信号所携带的信息部分地依赖于信号接收者事先掌握的东西。比如，在打牌时，别人打出一张方块三，你就可能会知道外面没有三了，因为你事先知道自己手中有其他三个三。第二，在任何约定意义上都无意义的一个事件可以携带丰富的信息。比如，有经验的扑克牌玩家能够从对手的一些细微举动（紧张不安、下注过高等）获得一些信息。在这种情况下，信息被传输了，但携带信息的媒介（对手的那些举动）在约定意义上都是没有意义的。第三，有意义的符号和标记可以传达与其约定意义不一致的信息。比如，"狼来了"这句话意指狼来了，但是如果狼实际上没有来，那么这句话就不携带狼来了这一信息。第四，信息与真理、知识是同等程度的概念，也就是说信息是不可错的、必为真的，而意义则可以为假。在人的信念中，出现为假的意义尤为常见。只要一个人的信念不是由信息引起的，那么这个信念即为假。所以包含在一个信号中的信息与该信号的意义只具有偶然的相关性。

二、信息的语义概念

从语义角度对信息作出界定的典型代表是美国哲学家德雷斯基。德雷斯基把信息规定为有能力产生知识的东西。一个信号携带什么信息，就是该信号有能力告诉我们什么，即真实地告诉我们关于别的事态什么。"信息就是有能力产生知识的用品。"[1] 如果我告诉你我牙疼，但实际上我的牙不疼，那么我就没有给予你信息，至少是没有给予你我声称要给出的那种信息。虽然无论我的牙是否疼，我所说的话"我牙疼"都意指我牙疼，但只有我说的话为真时，我的这句话才携带我牙疼这一信息。德雷斯基认为信息的这一含义是信息一词的核心含义。根据这种含义，说某一信息是可靠的，完全是画蛇添足。德雷斯基对信息的界定意味着信息是一个语义概念，但是信息是否就等同于意义呢？德雷斯基对此作出了否定回答。在他看来，信息和意义的相关性是偶然的。但这样一来就会产生一个新的问题：如果信息不同于意义的话，信息如何能够产生知识呢？德雷斯基的回答是，信息本身就是一个语义相关的概念，而意义并非唯一一个在语义上相关的概念。正是基于这一理解德雷斯基把他的语义学建立在信息的基础之上。

德雷斯基建立的语义学是从分析通信理论起步的。通常认为，通信理论不涉及消息的意义和真值，因此语义处在通信理论所能够把握的范围之外。但德雷斯基认为，既然信息本身就是一个语义相关的概念，那么即便通信理论不能够提供对意义的一个令人满意的说明，它也能够提供对信息的说明。当然，德雷斯基并没有照搬申农的通信理论，而是对之做了两点修改，以便它能够解决知识理论中的问题。第一，他对通信理论中的一些基本公式作出了修改。因为通信理论关注的是平均信息量，而内容和意义不能平均，只能和个别消息联系

---

[1] Dretske F. Knowledge and the Flow of Information. Oxford: Basil Blackwell, 1981: 48.

在一起。所以德雷斯基把关于平均信息量的计算改变为关于个别信息量的计算。第二，他为通信理论这一形式理论添加了语义维度。通信理论是"句法的"而非"语义"的。而经过德雷斯基改造的通信理论中的信息是具有语义的。"一个处于适当位置的观察者，通过参考 X，能够获悉关于 X 的某种东西，正是在此含义上，一个事态包含关于X的信息。"[1]并且德雷斯基对信息内容作出了如下界定：

一个信号 r 携带 s 是 F 这一信息 = 如果 r（而且 k）一定，s 之作为 F 的条件概率为 1（但是，如果只有 k 一定，其条件概率则小于 1）。

这里的 k 代表信息接收者对信源存在的那些概率业已知道的情况。例如，如果一个人已经知道 s 要么是 F 要么是 G，那么现在排除掉 s 之作为 G 这一可能性的一个信号就会携带 s 是 F 这一信息（因为它将这种概率增加至 1）。但是对不知道 s 要么是 F 要么是 G 的人而言，同样的这个信号可能不携带 s 是 F 这一信息。德雷斯基对信息内容的定义提到了接收者对信源中存在的可能性（k）业已知道的情况。也就是说，对信息源的定义并不是绝对的，它依赖于信息传输前，接收者对信息源的知识。这表明了信息内容具有相对性，但是信息的这个相对性与其客观性并不矛盾。在这一点上，德雷斯基与丹尼特的看法是不一致的。后者认为，接收者获得的信息取决于他们业已知道的情况，并且不是精确量化所能够处理的[2]。而德雷斯基则认为，如果接收者那里的信息能够被准确地确定，那么被接收到的信息就是可以量化的。德雷斯基还强调，背景知识不应该看作主观因素，而应该看作信息得以被确定的一种参照。信息的这种相对性，实际上是客观量度的相对性，这在科学中是常有的。因此在这个意义上，信息与速度、温度、重量、共时性并无不同。

通过上面对德雷斯基语义信息概念的了解，我们可以归纳出其信息概念具有的一些特性。第一，客观性。信息能够为人脑所加工，但信息不只是头脑中的东西。信息是一个客观用品，其产生、传输、接收都不需要任何解释过程。第二，信息不同于意义。意义是制成品，而信息是原材料。信息不依赖于人的解释活动。第三，信息是意义之外另一个语义相关的概念。信息是能够产生知识的东西。

---

[1] Dretske F. Knowledge and the Flow of Information. Oxford: Basil Blackwell, 1981: 45.

[2] Dennet D. Content and Information. London: Routledge, Kegan Paul, 1969: 187.

第三节　信息与实在

一、信息的实在性

对"信息"的追问让我们认识到了信息与形式具有一定的关系。但是如果信息仅仅像逻辑符号或者数那样是一种纯粹形式的话，我们就不会产生那么多关于信息的疑问和误解了。我们继续按照信息的这个"形式"的方面进行，看看会遇到什么样的难题。申农包括随后控制论的创始人维纳对信息的量度都可以看作是对一个通信信道中存在的样式或者秩序的数量的量度，亦即对形式的量度。该理论的一些具体的技术运用同样继承了这一特性。电话、电视、电脑等对信息的处理都是形式的或者"句法的"，这些进行信息处理的机器所处理的各种符号、编码对它们自身而言是没有意义的。电脑能够被输入并储存"雪是白的"这句话，但这句话对电脑来说意味着什么呢？什么都不意味，或者只不过是一组特殊的二进制编码。但是这些信息处理机器却为我们理解信息提供了一个参照。人同样也可以接收信息，但似乎人接收到的信息与机器有所不同。如果一个人被告知"雪是白的"，那么这个人就会把他由此产生的雪是白的这个信念和这个信念的真值条件内容联系起来。这显然是电脑不具备的。通俗地说，我们能够把握句子的意义，而电脑不能。为什么接收同样的信息，结果却不同呢？如果仅仅依靠信息的形式特性的话，这种不同就无法得到说明。因此，我们必须重新开始来探索信息的其他特性。

解决上述问题的一种方法是对信息作出心理主义的规定，即把信息看作是心理的产物，仅仅具有认识论意义，人的心灵既是信息的释义者，同时又是信息的赋意者[①]。因此，人以外的其他东西就其自身而言不可能处理信息，之所以说它们处理信息，如计算机信息处理机等，是因为它们的信息处理能力是从人的信息处理能力中派生的。这种观点强调了信息对物质的特殊性，但是却把信息的这种特殊性归结成了它与物质在本质上的对立性，因此其结果只能是在本体论上否定信息的存在地位，或者以隐晦的方式承认物质与信息的二元论。另

---

① 肖锋.重勘信息的哲学含义.中国社会科学，2010,（4）：32-43.

一种方法是对信息作出物理主义的规定，这是当前自然主义者在构建信息语义学时常常采用的一种观点。这种观点认为，信息在物理世界中具有存在地位，但它又不同于一般的物质，这主要表现在信息所具有的一系列特性上。但是从总体上看，信息在最基本的层面仍然是物质的。在这种观点看来，关于信息的心理主义观点实际上是一种片面的观点，它的视野只局限于一部分信息，即人头脑中的信息，而且这部分信息在所有信息的存在方式中是最为特殊的。正是对这部分信息存在方式的认识上的差异导致了关于信息的心理主义和物理主义。因此，在两种对立的观点的背后是分别导致这两种观点的方法论的对立。因此，要在这两种观点之间作出恰当的取舍，重要的是要找到研究信息的一种恰当的方法。汤姆·斯托纳（Tom Stonier）对信息进行研究的一个方法值得借鉴，他认为我们对世界的知觉是我们的历史经验的产物，因此我们可以参照历史上对其他重要概念的把握来理解信息[1]。从历史上看，我们对信息的认识经历了与对时间、能量相似的历程。比如，钟表的发明为我们提供了一种能够以数量方式准确量度时间的装置。一直到我们有了对钟表这种时间机器的经验，我们的时间概念才得到了发展，在此之前大多数文明都认为时间是循环的而非线性的。与此类似，直到人们有了对能量装置的经验，能量才开始从物质概念中被抽象出来。我们今天对信息的认识也处在一个类似的历史阶段。因为计算机的发明是我们有了对信息机（information machines）的新经验。计算机是有能力处理信息的电子装置，而这种对信息的处理以往被认为（甚至直到现在还有人固执地认为）是专属于人的头脑内部的。信息机的发明和利用使我们看到，信息是可以离开人的心灵而被创造、传输、储存和加工的。除此之外，20世纪的两大工程（即知识工程和基因工程）也为我们提供了关于信息的新经验。知识工程师、软件工程师直接以物理形式处理信息的传输，同样证明了信息绝不只是在我们的头脑之内进行操作的某种东西。基因工程表明，DNA携带着决定一个个体细胞如何发展的信息，而作为物质实体的DNA在人脑进化出来之前就已经存在了。这表明生物系统信息比人的心灵出现得更早。

根据上面的分析，我们至少可以看出存在有两类信息，即头脑中的信息和头脑之外的信息，或者说属人信息和非属人信息[2]。非属人信息是离开人也能够单独存在的信息，如自然界的各种信息；而属人信息则是在人的头脑中被加工、组织的信息，以及存在于人类的信息存储系统，如书本、计算机程序和光盘等

---

[1] Stonier T. Information and the Internal Structure of the Universe. London, New York: Springer-Verlag, 1990: 5-8.
[2] 这只是为了便于说明问题而从形式上进行的一个大致区分。

当中的信息。而如果我们抛开其他因素，仅从信息处理的角度来看，把人也视为一种特殊的信息处理机器（之所以说人特殊只不过是因为人能够通过对信息的处理获得意义）的话，那么实际上存在的只有一种信息，即物理信息。因此信息是实在的，而意义则不是。意义还涉及在相关的语境中对信息的解释：这样一个解释过程需要一个能够把信息和某种语境联系起来的信息处理者[①]。比如，储存在一本书中的信息在这本书被阅读并理解之前都是无意义的。本书后半部分还会对此作出更详细的分析，但在这里，可以先说明我们上面提到的关于信息的疑问和误解的源头就在于，被称之为"意义"的现象涉及了物理信息和心理表征之间的关系。

二、信息的物理概念

信息的物理概念侧重于从物理学角度对信息进行界定，最终把信息规定成某种物理实在。从这个角度对信息进行界定的代表人物是美国哲学家斯托纳。斯托纳的观点代表着最极端的信息物理主义。他研究信息的目的和德雷斯基一样在于说明认知和意义。不同之处在于，他并不是从通信的数学理论出发的，而是以物理学为出发点，主要依据信息和能量的关系来界定信息。除了依据物理学之外，他还从进化的立场来说明智能和意义如何从信息中产生出来。在他看来，研究意义现象必须首先要研究智能现象。信息处理系统可以显示出智能的属性，这种属性是由信息处理系统的复杂性所决定的。一般而言，更高级的智能，就对应着更进化的系统和更大的复杂性。通过观察系统的属性可以确定智能。也就是说，只有通过"智能行为"来确定智能。因此，从现象上看，智能表现为一个现象谱系。这个现象谱系按照由低到高的顺序涵盖了从原始智能到集体智能的一系列智能现象。

斯托纳通过信息与能量的对比，对信息作出了这样的规定："信息就像能量一样，是宇宙的一种基本属性，而且信息的诸属性和能量的诸属性皆可类比。"[②] 信息在宇宙中存在的最直接证据就是秩序（order）：秩序是对信息的表征。就像能量能够对事物有所作用，如它能使物体加热一样，信息同样对事物有所作用，其表现是信息能够将事物组织起来。秩序正是通过组织实现的，如果一些事件

[①] Stonier T. Information and the Internal Structure of the Universe. London, New York: Springer-Verlag, 1990: 18.

[②] Stonier T. Information and the Internal Structure of the Universe. London, New York: Springer-Verlag, 1990: 17.

被组织起来，即呈现出某种组织性、有序性，那么我们就可以肯定这些事件中携带有某种信息。质言之，信息有能力组成一个有秩序的、发挥作用的并且有结构的整体。

通过将信息和能量相对比，斯托纳认为信息具有以下一些特性。第一，物质和能量、信息和能量之间都可以相互转化。比如，在一个封闭的系统中能量总数加上物质再加上信息的总和是守恒的。能量与物质的相互转化可以通过公式 $E=mc^2$ 界定。信息和能量的相互转化则可以通过 $E=IT$ 界定，在这里 E 的单位是焦耳，I 的单位是信息单元（约 10^{23} 比特），T 的单位是开（Kelvins）。消耗的能量可以转化为信息："能量的丧失就等于系统信息的增加。"[1] 一般而言，机械能、化学能和热能代表着从高到低的三种能量。在工作中由高级能量向低级能量的递降由熵来度量。熵同时度量了与履行该工作的能量联系在一起的信息的丧失。第二，信息就像能量一样是可以被添加的。信息可以被添加到物质、能量甚至其他信息之上。添加到物质上的信息使物质呈现出组织性。就像热能持续添加到物质上会导致在达到某种临界值时出现相变（phase transitions）一样，信息持续添加到物质上同样会导致相变。在相变中，系统会以新的形式得到组织。与相位转移（phase shifts）联系在一起的信息添加会导致信息层次的产生，这些层次的范围跨越了从亚原子到人类社会及其抽象创造。添加到能量上的信息使能量变成更高级的能量。事实上，除了热之外所有形式的能量都呈现出明显的组织性，并因而包含一些信息。被添加到信息之上的信息，会导致更高级的自组织性。第三，信息像能量一样，可以以多种形式存在。能量可以以热、光、声、电、化学的、原子的等多种形式存在，信息则可以以结构的、运动的、时间的、空间的、生物的、人类语言的、机械编码的形式呈现自身。其中结构和运动是信息的两种主要种类。第四，就像能量可以以微粒的形式（光子）存在一样，信息也可以以微粒的形式（信子）存在。信子（infons）的存在在当前仍然只是一种推测。如果这种推测能够被证实的话，一方面可以进一步证实信息是宇宙的一种基本属性，另一方面有利于发展出一种一般的信息理论，而且它有利于最终打破信息和意义之间常有的绑定。证明信息以微粒形式存在的最佳事例存在于生物系统当中。在生物学中，基因就是遗传信息的微粒。基因由核酸构成，因此从分子的观点看，这就意味着基因是比较大的结构，虽然事实上使用最精致的显微镜也无法看到基因。这就证明了生物信息可以以看不到的微粒形式存在。因此基因被认为是信子的生物对应物。第五，宇宙中存在

---

[1] Stonier T. Information and the Internal Structure of the Universe. London, New York: Springer-Verlag, 1990: 17.

有不同类型的信息处理系统。不同的信息处理系统按照不同的原则运行。而且信息处理无处不在，它组成了宇宙，维持了生命，形成了文化，还是人类思维的基础。

从信息的物理观点来看，信息在本质上是物理的，可以和物理世界中的其他东西，如物质和能量进行相互转化和交流。整个世界都可以被看作是一个信息处理系统，信息无处不在，无时不有。信息的产生、传输和接收都需要一定的物质载体和媒介，脱离物质世界的抽象的信息是不存在的。

第四节　信息是什么

在对信息做了一番简单的了解之后，我们重新回到开始时的那个问题：什么是信息？任何明智的人，只要了解到哲学家们为回答该问题所付出的努力，以及这些努力所造成的混乱就不会轻易地给出一个答案。有信息哲学的创始人之称的弗洛里迪曾对信息概念做过深入的研究。他通过大量的分析把什么是信息这一问题的研究方法分为三大类：还原的、反还原的及非还原的[①]。他认为前两种方法都追求为信息提供一个单一的、统一的定义，但这是行不通的。"很难期望某个单一的信息概念能够令人满意地回答对一般性领域中的各种可能的应用作出说明。"[②]因此，他主张采用非还原的方法，即"用一个相关概念网络来代替还原论的等级模型"[③]，根据这种方法，将不会再存在一个主要的信息概念。虽然很多人对弗洛里迪等的方法赞同，但迄今为止没有人能够提供一个令人满意的信息定义。

实际上，当前我们回答出信息是什么这一问题，这并不奇怪。Keith Devlin 在《逻辑和信息》一书中面对该问题时作出的分析恰当地描述了我们当前的处境[④]。试想你突然穿越到了铁器时代，并问那时的人：什么是铁？那人可能会指着很多东西告诉你这就是铁，但这肯定不是你想要的答案。你想要知道使铁成为铁的东西是什么，但他只能告诉你如何得到铁（炼铁），如何使用铁等。要想让他给出一个令你满意的回答，他就必须要知道关于原子结构层面的东西，但

---

①② ［意］卢西亚诺·弗洛里迪. 计算与信息哲学导论. 北京：商务印书馆，2010：123-126.
③ ［意］卢西亚诺·弗洛里迪. 计算与信息哲学导论. 北京：商务印书馆，2010：125.
④ Devlin K. Logic and Information. Cambridge: Cambridge University Press, 1991: 1-3.

这对他而言明显是不现实的。在我们今天这个信息时代，任何试图理解信息本质的人，其境况都像你在铁器时代遇到的那个人一样。我们同样在与大量的信息打交道，但是信息到底是什么呢？笔者认为，至少在我们这个时代，不可能对该问题给出令人满意的答案。但是，这样是否就意味着什么是信息这个问题成了一个毫无意义的问题呢？显然不是。

就像我们在面对哲学中其他任何一个基本概念时必然会追问它是什么一样，面对信息这一概念，我们肯定会提出"信息是什么"这样一个基本的问题。尽管人类理性追求完满的特性会不断激励我们对这一问题作出回答，但实际上我们并不能理所当然地认为这一问题存在着一个有待发现的标准答案（就像字典中能够提供的标准答案那样）。这样一个答案可能存在，但也可能不存在。甚至，为整个哲学研究提供一个统一的、标准的信息定义，这一任务对我们而言也显得太过宏大了。我们对信息进行追问的目的仅在于了解信息具有哪些特性，以使它能够担当起对心灵进行自然化的重任。因此，在笔者看来，对什么是信息这一问题的提出与其解答具有同样重要的意义。正如弗洛里迪所言，提出"信息是什么"这一问题的目的不在于"寻求某种字典的解释"，而在于"寻求各种哲学探索之间的一个理想的交汇点"[1]。

那么，各种哲学探索之间的这个理想的交汇点在哪里呢？笔者认为，这个交汇点就是信息。如果哲学的任务在于"解释世界"的话，那么信息就是一个最佳的解释项，甚至有人将其称为"终极解释装置"。正如丹尼特所说："信息概念最终有助于将心、物和意义统一在某个单一的理论当中。"[2] 很多哲学家对信息所给予的厚望，如认为哲学将迎来信息转向，信息哲学将恢复哲学的尊严，信息哲学是第一哲学等都为这一观点提供了支持。对本书而言，探讨信息主要在于了解信息的各种属性，看它能否为语义的自然化方案找到一个坚固的、自然主义的支撑点。上面已经简单分析了信息与形式、意义、实在的关系，那么这三种关系之间又存在何种关系？其中是否存在一个更为基本的关系能将三者统一起来？又或者这三种关系处于同等重要的地位？换言之，是否存在一个同时具备这三种关系的信息概念？如果存在的话我们应该如何认识这样一种信息在世界中的地位？对这些问题的回答还需要更多的工作，因为它不仅涉及对信息特性的深入分析，而且还涉及对信息的本体论地位，乃至对本体论本身的认识。在本章的剩余部分，笔者主要分析信息的一些特性，说明本章中从形式、

---

[1] [意] 卢西亚诺·弗洛里迪. 计算与信息哲学导论. 北京: 商务印书馆, 2010: 123-126.
[2] Dennett D C, Haugel J. Intentionality//Gregory R L. The Oxford Companion to the Mind Oxford: Oxford University Press, 1987: 34-65.

语义、实在三个角度界定的信息如何最终统一起来。

信息的形式概念、物理概念和语义概念之间存在着一定的矛盾，尤其是物理概念和语义概念之间的矛盾在一些科学哲学家对科学观察问题进行研究时表现得非常明显。因为，近几十年来，随着信息概念在哲学研究中的大量运用，一些科学哲学家便力图借助信息概念来阐明"可观察的"这一术语科学的科学用法。席博尔（D. Shapere）、布瑞恩（H. Brawn）和卡索（P. Kosso）是这一研究方法的代表人物。

席博尔认为，一个对象 x 能够被直接观察的条件有两个：一是信息被一个适当的接收者收到，二是信息被直接传输，即接收者和实体 x（信源）之间没有干扰[1]。布瑞恩将观察定义为："观察一个事项 I，就是要从另一个事项 I* 中获得关于 I 的信息，这里的 I* 是我们在认识上看到的一个事项，而且 I 是产生 I* 的这个因果链中的一环。"[2] 卡索用相互作用来代替因果链这一术语，对观察作出了更贴近于物理学的解释，但信息概念仍然居于核心地位："规则的对子〈对象 x，属性 p〉是可观察的，如果 x 和一个可观察仪器之间有一个相互作用（或者一系列相互作用），以致 'x 是 p' 这一信息被传输到该仪器并最终传达给一个科学家。"[3] 对这些语境中的信息应如何理解？席博尔和布瑞恩并没有给出过多解释，而卡索则明确表示需要对信息概念做进一步讨论。

卡索承认，他借鉴了德雷斯基的信息语义学来阐明科学观察。但它对信息本质的理解是不同于德雷斯基的，这一点集中表现在它们对通信信道的界定上。德雷斯基认为，通常提到的通信信道都是物质具身化的。比如，通常承载信息的信号都是某些物理过程和物理对象，但是在理论上，通信信道可以被看作是信源和接收者之间的一组相关关系。信源和接收者之间的物理联系对信息的传播来说不是必要的。德雷斯基将这种信道称作"幽灵信道"。比如，收看相同电视节目的两台电视机就会构成一个幽灵信道。这两台电视机之间并不存在物理联系，但是出现在它们各自屏幕上的东西（电视节目）却是明显具有相关性的。也就是说，此时这两台电视机之间存在着信息关系。

卡索认为，信息是经由相互作用在诸状态之间得到传输的。因此他不认为观看一台电视机的节目就能够获得关于另一台电视机的信息。也就是说，在他

---

[1] Shapere D. The concept of obervation in science and philosophy. Philosophy of Science，1982，(49)：485-525.

[2] Brown H I. Observation and Objectivity. Oxford：Oxford University Press，1987.

[3] Kosso P. Observability and Observation in Physical Science. Dordrecht：Kluwer Academic Publishers，1989：32.

看来，没有物理联系的两点之间是不可能存在信息流的。卡索对信息的这一理解与物理学中流行的对信息的看法是一致的。物理学家和工程师们普遍接受的一条关于信息的原则就是：无表征则无信息。这要求物理空间中的两点之间的信息传输必须有一个承载信息的信号，即从一点传播到另一点的一个物理过程。这种看法与空间上相分离的量子系统之间的关系是一致的。EPR 实验的任何分析都表明，两个量子之间不存在信息流，因为从一点到另一点之间的信号传播不可能超过光速。从这种观点来看，信息就是一个物理实体，它能够被产生、收集、储存和传输。由于信息的这种物理性质，信息流的动力学是受规律支配的。

根据信息的语义概念，信息就是有能力提供知识的东西。A 和 B 之间的信息联系能够成立的唯一条件就是通过观察 B 而知道 A 的状态。根据信息的物理概念，信息就是一个物理实体，其本质特性是它能够在物理空间中的一点被产生并传输到另一点的能力。因此，只有控制 A 处的那些状态才能够将信息发送到 B 处。如果 A 和 B 之间没有物理联系的话，就不可能定义 A 和 B 之间的信息信道，因此也就不可能控制 A 处的这些状态以将信息发送到 B 处。

当把信息概念用于解决哲学问题时，信息的语义观点和物理观点之间的这种分歧具有极大的实用性。我们可以通过将这两种观点分别用于否定性实验（negative experiments）来看一下它们各自产生的结果。在这个实验中，如果一个事件不出现的话，另一个事件就可以得到观察[1]。在这里我们对这一实验进行简化，以便理解。假定在一个试管的中间位置有一个粒子在 t_0 这个时间点朝这个试管的一端被发射出去。在这个试管的右侧放有一个监测装置。如果粒子被发射到右侧，那么到了适当的时间这个装置就会有显示。现在到了适当的时间，这个监测装置没有显示，因此我们断定这个粒子被发射到了试管的左侧。那么，问题随之产生：我们观察到这个粒子被发射的方向了吗？这个问题的答案取决于我们采用哪一种信息观点，换言之，其答案取决于我们采纳信息的语义概念还是物理概念。

根据信息的语义观点，介于该试管两端之间的一个信道可以被界定，那么，就存在着一个从左向右的信息流，这使我们能够观察到粒子在左侧的出现，即便实际上没有信号从左侧传播到右侧。但是根据信息的物理观点，不存在一个从右向左的信息流，因此我们也就没有观察到这个粒子在左侧的出现。换言之，根据信息的语义观点，我们能够同时观察到两个事件，即该粒子出现在左侧和

---

[1] Brown H I. Observation and Objectivity. Oxford: Oxford University Press, 1987: 70-75.

该粒子不出现在右侧。但是根据信息的物理观点，我们只能推断这个粒子出现在左侧（而不能观察到它出现在左侧）。

信息的语义观点、物质观点和句法观点从不同的视角对信息进行了研究，虽然它们各自都声称把握了信息的本质并由此给出了自己对信息的核心概念。但事实上并非如此。每一种观点都有其自身的优势和缺陷。语义概念建立了信息和知识的联系，有利于说明我们从世界中获得的信息为什么会使我们获得关于世界的知识，因此这个概念最适于认知和语义研究。但是如果仅仅从语义的角度把握信息就容易使信息沦为像以太、燃素那样的理论设定，从而无法在本体论的高度给予信息存在地位。因此，我们还需要从物理的角度认识信息。物理概念把信息界定为一种物理实体，这与信息的各种实际用途是相一致的，因此它常常被用于通信领域。物理概念的优势在于它和自然主义，尤其是物理主义的本体论承诺是一致的，因此可以被看作是自然化的理想工具。但是信息的物理概念同样有自身的缺陷，那就是它无法解释一些不依赖物理联系的通信，如幽灵信道。信息的句法概念只是一个无指称的形式观念，在此意义上，信息理论就是数学理论。句法概念的最大优势在于理论上的一般性，当然这是以丧失信息的实际用途为代价的。句法概念与其他两个概念之间的关系就是数学对象与数学对象的解释之间的关系。当我们面对这三个概念时，我们实际上面对的是同一个信息概念的三个方面及信息的三种属性。因此，我们可以说信息是语义的、物质的和句法的。当然，信息还有其他的一些属性（其中有些属性还有待我们去发现，而且从历史经验来看这简直是一定的）。我们暂时不能分辨出这三种属性哪一个才是信息的本质属性，但这并不影响我们对信息概念的实际应用。本书的目的在于考察并建立一种自然化的信息语义理论，对此而言，虽然主要会强调信息的语义属性，但另外两者也同样不容忽视。

第八章
信息的本体论说明

对一个概念的本体论说明在逻辑上应该处于对此概念的其他说明之前。因为只有被证明是存在的东西，你才能够进一步说明它。但是在实际操作中这往往是难以实现的。实际上，你必须首先说明你要证明的东西是什么，才能够进而在本体论的层面对它进行说明。在上一章中，笔者对信息的形式概念、语义概念和物理概念进行了考察，最终把语义的、物质的和句法的这三种属性归属于信息。但是这样一种分析对于信息概念的澄清仍然是不够的，因为具备了上述这三种属性的信息概念仍然有可能只是逻辑上的构造的产物，我们必须证明具备这样三种属性的信息是确实存在的，才能真正以这样一个信息概念为基础来构造一种自然主义的语义学。尤其是那些抱有坚定的物理主义立场的实在论者肯定会对笔者所给出的信息概念产生质疑，他们会说只有信息的物理概念，而没有其他，或者至少是其他概念要从属于物理概念。这些问题表明笔者还必须对信息进行一个本体论说明。而且对信息进行本体论说明还有一项好处就在于它有利于在最基本的层面上认识信息的属性，以及信息、信息关系与其他存在、其他存在之间的关系。对信息本体论层面的说明要分为两部分进行，即分别考察信息在自然主义本体论框架和马克思主义本体论框架中的地位。在本书第一章中，已经介绍了自然主义及它的本体论承诺，而本章重提自然主义的本体论问题是为了说明在上一章所描述的信息在自然主义的本体论框架中居于何种地位。此外还要说明，笔者所描述的信息在马克思主义的物质本体论中也是有一席之地的。我们发展马克思主义的认识论、意识论，尤其是内容理论同样可以研究并利用信息概念。但是有鉴于当前国内哲学界对"本体论"一词的使用比较混乱，笔者将首先对本体论概念进行澄清。在此之后，我们才能进一步追问马克思主义哲学是否有自己的本体论思想，如果有的话，什么是马克思主义哲学的本体论？笔者的基本结论是，马克思主义哲学具有笔者所描述的"本体论"含义的本体论，即物质本体论。自然主义本体论和马克思主义物质本体论分别按照不同的范畴体系对同一个世界进行了划分,它们所承诺的存在是同一的,信息在两种本体论框架中都具有一席之地。

第一节 本体论的概念澄清

从事马克思主义哲学、西方哲学和中国哲学的研究者都有不少关于本体论的论述,但是这些论述之间往往很难产生交集,甚至让人感到大家根本就是在就不同的东西展开论述。之所以出现这种情况,很大程度上是由对"本体论"一词的随意和混乱使用造成的。可能笔者理解的本体论在你看来根本就不是本体论,反之亦然。因此,澄清本体论概念,指明笔者在本书中用"本体论"一词意指什么,这是完全必要的。中文"本体论"一词产生较早,至少比西方的对应的词早。因为在中国佛教中,一开始就有关于本体的争论,所以一开始就有各种本体理论。而在西方,与中文"本体论"对应的词"ontology"是在16~17世纪才被创立出来的。这里有两种说法:一种说法是它由德国经院学者郭克兰纽(Goclenius,1547—1628)最先创立;另一种说法是它由德同神学家、笛卡儿主义者克劳贝格(Joannes Claubergius,1622—1665)于1647提出。而该词在哲学中得到了人们广泛认可则是由沃尔夫的大力使用促成的。19世纪末至20世纪初,随着西方哲学著作的大量传译,西方的"本体论"也传进来了。不知什么原因,最初的翻译家把西文的ontology译为"本体论"。现在看起来,这是错误的,危害也是深重的。例如,现在的许多稀里糊涂、没有意义的争论主要不是源于对文本的理解,而是源于对这个词的望文生义的理解。

从构词上看,从字面意义看,本体论是关于onto的哲学理论。这没有什么问题。但问题是:这里的onto是很难理解的,甚至没有一定西文知识、没有相当哲学素养的人根本就无法理解。正是因为这一点,ontology就成了一个难翻译的概念。它的主要译法包括有本体论、存在论、万有论、是论、权变论等。从研究对象的角度看,本体论研究的对象是being,这一点通常不存在太多的争论,但是这个being指的究竟是什么则众说纷纭,几乎成了本体论研究中的最大悬疑。这一问题的悬而不决,进而又影响到汉语中与being相对应的字或者词的翻译,使得国内原本就滞后的本体论研究更是雪上加霜。笔者认为,这些问题看似复杂实际上并不难解决,而解决它们的关键就在于对being一词进行考察,在用法中揭示其意义。

在英语当中，being 有两种词性：一为名词，一为现在分词。作为名词的 being 既可以意指某一种具体的 being，又可以意指 being 本身。与前者相关联的是实体、本性或者一事物的本质；与后者相关联的则是"所有能够被恰当地表述为'是'（to be）的东西的共同属性"。①此外，being 还是动词"to be"的现在分词。在这里，作为动词的"是"（to be）意指一种行动，正是凭借这种行动，所有被给予的实在才都得以存在。[3] 无论根据哪种词性，being 在其最广泛的意义上都可以被理解为一切能被表述为"是"（to be）的东西。这表明，being 与"to be"是密切联系在一起的，要了解名词'being'的意义，首先离不开对动词"to be"的分析。

从词源学来看，作为名词的 being 正是从动词"是"（to be）演化而来的。早在古希腊，亚里士多德就注意到："是"是一个多义词，有不同的用法和意义，但是这些意义并非彼此无关，相互独立，而是有着内在关联的，或者说有内在的一致性。中世纪的哲学家们为了解决本体论问题，对 being 做了比较详细的界定。比如，托马斯·阿奎那就把作为名词的"是"和作为动词的"是"明确区别开来。作为动词的"是"（to be，est）"表示的是被感知现实性的绝对状态，因为'是'的纯粹意义是'在行动'，因而才表现出动词形态。"[4]而作为名词的"是"（being，esse）虽然也包含有动词的意义，但毕竟名词化了，表示的是一切形式的对象的共同的现实性，因此可以将其理解为"存在"，以示区别于作为动词的"是"。此外，与古希腊相比，中世纪还出现了一个与"存在"既有密切关联又有重大区别的概念，即实存（existentia，existence）。因为古希腊的本体论特别关心"x 是 y"这样的由系词连接起来的句子，对谓词问题情有独钟，所以几乎没有涉及实存概念。而中世纪哲学家已经看到，"实存"一词是从动词"实存着"（existere）演化出来的，后者又有存在着、去存在、出现、显现、突现等含义。

在近代，弗雷格和罗素等在梳理"是"的各种用法后发现，尽管其用法很多，但不外乎四种：一是表示存在（being）或实存（exist），如"苏格拉底是"（Socrates is）；二是有等同的意义，如"柏拉图是《理想国》的作者"；三是述谓，指出主词的属性，如"柏拉图是白皙的"；四是表示隶属关系或下定义，如"人是动物"。弗雷格等由此认为，本体论中所用的"是"是第一种用法的是，与其他用法无关。在此之后，尽管许多分析哲学家也赞成把"是"的用法归结

---

① 高新民，王世鹏. 2010. 谓词逻辑视野下的"being"意义问题. 江汉论坛，2010，(3)：83-87.

| 信息与心理内容 |

为四种，但他们却普遍强调：这些用法是有联系的，尤其是其他三种用法中都包含有"存在"的意义。

实际上，作为动词的"是"在用法和意义上的确有细微的差异。就此而言，弗雷格和罗素的工作是有意义的。另外，"是"的四种用法的本体论意义的确有区别，如第一种用法对被述说对象的本体论地位做了直接而明确的回答。例如，如果断言"苏格拉底是"，就是断言这个人不是虚构、不是非有或无，而在这个世界有其存在地位。由于这种用法有这种作用，因此本体论或存在论中的最一般的、最关键的"是"或"存在"的概念，尤其是名词化的"存在"范畴，便通过提升、泛化而由之演化出来了。质言之，作为本体论最高范畴的"存在"的确与日常语言的第一种用法有关，是其哲学升华的产物。但又应看到，"是"的其他几种用法并非绝对没有本体论意蕴。换言之，当我们用后三种方式的任何一种去述说对象时，除了让它们发挥它们特定的语言学功能之外，我们的述说一定还有这样的共同之处，即让它们完成我们对对象的本体论承诺，或表达述说者这样的看法，即认为：被述说对象不是子虚乌有，而有其"存在"的地位。不管是把主项述谓为什么，等同于或归属于什么，都包含着对它有存在地位的断定。例如，说"柏拉图是《理想国》的作者"，除了断言他们有等同关系之外，还一定包含有对柏拉图是否是存在的回答。

上述对"是"（不管是名词用法还是动词用法，不管是中文还是西文）的用法的分析，可以化解我们在用中文翻译西文"being"（或动词 to be）时所碰到的难题。维特根斯坦早就指出："一个词的意义就是它在语言中的使用。"[5] 退一步说，分析用法即便不是把握语词意义的唯一的办法，至少也是一条行之有效的途径。作为本体论上最一般的范畴的"being"在被哲学家运用时，指的就是存在，或世界中的事物所具有或所包含的某种出场或显现出来的东西，它不是虚无，不是非有。这些意义都是作为名词"是"所不能表述的。再者，就本体论的根本旨趣来说，它所要关心的显然不是"是"，而是世界上有什么，存在什么之类的问题。因此如果像这样理解西文中的"being"，那么便有根据说，只要加以适当的限定或界定，用中文的"存在"或"有""在""实存"等是可以把"being"的本体论意义表达出来的。因为当西方哲学家说"苏格拉底是"时，除了说他存在、他在着以外，别无他意。所以我们有理由认为，being 指的就是存在，它的反义词是"非存在"，西文中的"being"应当被翻译成汉语的"存在"，而非"是"。

通过上面的分析，我们可以看出，本体论是研究存在的学问，它关注的问题是何物存在。当然，在此应当申明一点，笔者虽然对本体论的研究对象作出上述规定，但并不以此来反对或者否定其他研究者对本体论一词所作的理解。毕竟"本体论"中与 ontology 相对应的这一层含义是被翻译者生硬地分配到该词当中的。所以笔者反对用该词的一层意思去否定或者抹杀它能够容纳的其他意思。但是这样做的代价就是每个人在使用"本体论"一词时都首先需要申明自己是根据何种意思来使用该词的。除了笔者在上面阐述的这种理解之外，当今国内哲学界对"本体论"一词主要还有以下几种理解。一是本原论，认为本体是相对于变体的原体，即本原、始基。二是本质论或者根据论，认为本体论研究的是最终的根据，因为本体是指相对于现象的本质，相对于用的体，而本体，体即根据、基础，所以本体论是构造终极存在的体系。三是实体论，认为本体论研究的是属性后的依托物（substance）。四是世界观，认为本体论就是关于世界观的学说。上述各种理解在国内哲学界都有不少拥护者，而且任何试图用新的词汇把这些意思区别开来的努力都可能使该词在现有用法上的混乱有增无减。有鉴于此，笔者认为上述对本体论概念的澄清是必要的，这种澄清不试图否定什么或者争论什么，而仅仅想要表明笔者是在什么意思上使用本体论这个概念的。

第二节　马克思主义的物质本体论

有了上述对本体论概念的澄清，我们就可以进一步研究有关马克思主义哲学本体论的问题。那么马克思主义哲学有没有笔者所理解的这种含义上的本体论，即有没有关于何物存在的理论？对这样的问题不能武断处置，并不能因为马克思没有在自己的著作中使用本体论一词就断然否认马克思的本体论思想。严谨的、负责任的做法是深入到马克思主义的经典文本当中去看其中有没有关于本体论问题的回答，有无自己的本体论理论。

通过分析我们可以发现，马克思主义经典著作中关于何物存在的论述主要表现在相互联系的两个方面：一方面是对传统本体论的批判和解构，另一方面是对马克思主义物质本体论的构建。正如卢卡奇所说："如果对马克思所有具体的论述都给予正确的理解，而不带通常那种偏见的话，他的这些论述在最终的意义上都是直接关于存在的论述，即它们都纯粹是本体论的。"[①] 我们先来看第

---

① 卢卡奇.关于社会存在的本体论.上卷.白锡堃等译.重庆：重庆出版社，1993：637.

一方面。恩格斯在《反杜林论》中批评杜林把"存在的形式"和"思维的形式"之间的关系搞颠倒了，认为他完全"像一个叫作黑格尔的人"那样"把事情完全倒置了，从思想中，从世界形成之前就永恒地存在于某个地方的模式、方案或范畴中，来构造现实世界"[①]。这是恩格斯对"传统本体论尤其是黑格尔、施米特、杜林等的本体论及其所依赖的方法论基础和程序"[②]的否定。列宁明确指出了唯物主义与以康德为代表的唯心主义在存在问题上的分歧："唯物主义既然承认客观实在即运动着的物质不依赖于我们的意识而存在，也就必然要承认时间和空间的客观实在性。这首先就和康德主义不同。"[③]除了批评唯心主义和二元论的本体论思想之外，马克思和恩格斯还对旧唯物主义的本体论思想进行过清算。在《神圣家族》中，马克思和恩格斯批评了"起源于笛卡儿"的机械唯物主义的本体论：笛卡儿"把他的物理学和形而上学完全分开。在他的物理学范围内，物质是唯一的实体，是存在和认识的唯一根据"[④]。再如列宁对费尔巴哈哲学的本体论想象的批判："……存在并不是指在思想中存在。在这方面，费尔巴哈的哲学比约·狄慈根的哲学要明确得多。费尔巴哈指出，'证明某物存在着，就是证明它不是仅仅在思想中存在着'……"[⑤]正如恩格斯所指出：传统本体论研究的存在是"纯粹的存在"或"是"，而"这种存在是和自身等同的，应当没有任何特殊规定性，而且实际上仅仅是思想虚无或没有思想的对偶语"[⑥]。

马克思主义经典著作中关于何物存在的思想更是非常丰富，这些思想构成了马克思主义的物质本体论。概而言之，马克思主义哲学把物质看作是存在的尺度和标准。能够支持这一观点的最有力证据来自经典著作中关于世界上"有什么""存在着什么"或者"统一于什么"的直接说明。比如，"世界上除了运动的物质什么也没有""世界的统一性在于它的物质性""物质第一性、意识第二性"，这些论述都是非常典型的本体论命题。当然，马克思主义哲学所说的物质与旧唯物主义所说的物质含义是不同的。列宁说："如果说世界是运动着的物

---

① 马克思，恩格斯. 马克思恩格斯全集. 第20卷. 中共中央马克思恩格斯列宁斯大林著作编译局译. 北京：人民出版社，1971：38.
② 高新民，严景阳. 本体论理解的"元问题"与马克思主义的本体论. 武汉大学学报，2007，60（6）：758-762.
③ 列宁. 唯物主义和经验唯物主义. 中共中央马克思恩格斯列宁斯大林著作编译局译. 北京：人民出版社，1970：169.
④ 马克思，恩格斯. 马克思恩格斯全集. 中共中央马克思恩格斯列宁斯大林著作编译局译. 第2卷. 北京：人民出版社，1957：160.
⑤ 列宁. 列宁全集. 第38卷. 中共中央马克思恩格斯列宁斯大林著作编译局译. 北京：人民出版社，1988：457.
⑥ 恩格斯. 反杜林论. 中共中央马克思恩格斯列宁斯大林著作编译局译. 北京：人民出版社，1999：66.

质，那么我们可以而且应该根据这个运动，即这个物质的运动的无限错综复杂的表现来对物质进行无止境的研究；在物质之外，在每一个所熟悉的'物理的'外部世界之外，不可能有任何东西存在。"① 恩格斯也说："我们自己所属的物质的、可以感知的世界是唯一现实的。"② "作用于我们的感官而引起感觉的东西，物质是我们通过感觉感知的客观实在。"③ 他们理解的世界也不是旧唯物主义的世界。因为这里的物质、世界同时还是"一种过程"，"处在不断的历史发展中"④。恩格斯说："当我们说到存在，并且仅仅说到存在的时候，统一性只能在于：我们所说的一切对象是存在的（are）、实有的（exist）。"⑤ "物质、存在、实体是同一种实在的观念。决不可以把思维同那思维着的物质分开。物质是一切变化的主体。"⑥ 根据我们的解读，他们所说的"物质"在不同用法中的意义是不完全一样的。至少可以区分出广义和狭义两种用法。当他们说：世界上除了物质什么都没有时，这里的"物质"是广义的，其外延等于存在的外延。具体而言之，它不仅包括真正的第一性的物质，如实体性的东西，而且还包括在它之上所派生出来的第二性的东西，如抽象的东西、精神性现象，甚至在复杂关系中所突显出的高阶关系和属性。

那么，针对该词的不同用法，我们能否给出关于物质的一般定义呢？经典作家意识到：对于物质是不能用通常的逻辑方法下定义的，因为它像本体论中所说的存在一样，是一个最高的范畴，既然如此，就找不到为它下定义所需的种概念。列宁说："下定义是什么意思呢？这首先就是把某一个概念放在另一个更广泛的概念里。……现在试问，在认识论所能使用的概念中，有没有比存在和思维、物质和感觉、物理的和心理的那些概念更广泛的概念呢？没有。这是些广泛已极的概念，其实……认识论直到现在还没有超出它们。"⑦ 如果是"广泛已极的概念"，那么它无疑就是一个最抽象最一般的概念，即最大的种概念。

---

① 列宁.列宁选集.第2卷.中共中央马克思恩格斯列宁斯大林著作编译局译.北京：人民出版社，1972：351.
② 马克思，恩格斯.马克思恩格斯选集.第4卷.中共中央马克思恩格斯列宁斯大林著作编译局译.北京：人民出版社，1995：227.
③ 列宁.列宁选集.第2卷.中共中央马克思恩格斯列宁斯大林著作编译局译.北京：人民出版社，1990：146.
④ 列宁.列宁选集.第2卷.中共中央马克思恩格斯列宁斯大林著作编译局译.北京：人民出版社，1990：228.
⑤ 马克思，恩格斯.马克思恩格斯选集.第3卷.中共中央马克思恩格斯列宁斯大林著作编译局译.北京：人民出版社，1995：383.
⑥⑦ 列宁.列宁全集.第38卷.中共中央马克思恩格斯列宁斯大林著作编译局译.北京：人民出版社，1988：65.

| 信息与心理内容 |

而如果是这样，它所指的就只能是一种最大的共性或一般性，即诸个体所共同具有的普遍的客观实在性。经典著作和一般的教科书也是这样理解的，即把"物质"与"具体的物质形态"对比起来理解，把它们看作一般与个别的关系，即认为"物质"所指的东西是包含在所有一切具体物质样态中的最一般的客观实在性。如果是这样，麻烦就来了。因为这样规定的物质就是一种抽象实在，而不是个体事物。而如果是抽象实在，那它就不应有第一性的实存地位。怎样解决这里的问题呢？答案似乎只能是：承认"物质"一词有两种所指，一是指具体的物质，二是抽象的物质。当说"物质"所指的东西有第一性的本体论地位时，这里所指的东西是前者。当我们强调物质作为本体论的基本范畴时，我们所说的是抽象的物质。高新民先生在《非存在研究》中对马克思主义哲学的物质本体论进行了详细的论述，而且通过图示的形式对物质本体论包含的范畴体系进行了划分。笔者认为这个划分准确而且详实地概括了马克思主义哲学关于何物存在问题的回答，下面笔者引用这个图示（图8-1）并简单予以说明[①]。

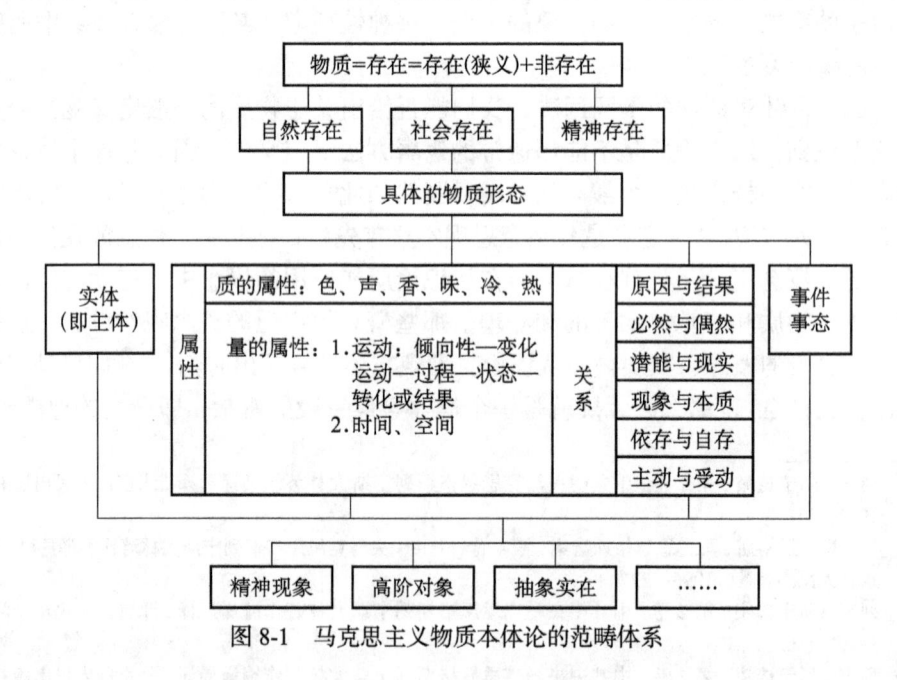

图 8-1 马克思主义物质本体论的范畴体系

通过图 8-1 可以看出，马克思主义本体论中最高的、外延最为广泛的、最基本的范畴只有一个，那就是"物质"。虽然在马克思主义哲学中，物质总是和存

---

① 该图出自高新民. 非存在研究. 北京：社会科学文献出版社，2013：975.

在一起与精神和思维构成一对对子,但是这并不代表后者可以同前者"平起平坐"。因为这个对子的划分只是在认识论的范围内有效,"超出这个范围,物质和意识的对立无疑是相对的"[1]。所以到了本体论的范围之内,世界上"除了运动着的物质"以外就什么都不存在。统一的物质有三种存在方式,分别对应自然存在、社会存在和精神存在。再往下面就是具体的物质形态和个体事物,在此不再详述。

第三节　自然主义的多层次本体论

不同的自然主义者对信息的理解不同,但是几乎所有的自然主义理论都承诺信息的本体论地位,这是通过对自然主义者各类著作进行简单浏览就能够发现的一个事实。自然主义者们在使用"信息"一词时,通常都是把它作为一个具有某种哲学含义的词汇来使用的。即便使用者没有对"信息"作出专门的说明,他在使用该词时也对该词委以重任。也就是说,自然主义者们在很大程度上已经默认了信息在其理论体系中占有一席之地。所以当我们对一种自然化理论,如语义自然化理论作出判断时,我们是否将这种理论称作信息语义学主要不是看它是否利用了信息概念,而是看该理论体系是否把信息作为一个最重要的基础来强调。这种对信息强调态度上的不同,可以把自然主义者分作两类。一类是以信息为基础的自然主义者,如德雷斯基、博格丹、米利肯等信息语义学家。另一类是肯定并使用信息概念,但不将之作为其理论和核心的自然主义者。第二类自然主义者包括的范围极广,因为当前只要是对认知、内容、意向性的说明,就一定会涉及信息。比如,像麦金这样带有神秘主义倾向的自然主义者在提到视觉能力时就认为它是"被设计来获取关于有机体所处的环境中的对象的信息"[2]。但是,麦金从来就没有对信息本身作出过说明,就好像信息是一个大家早已达成共识的、清楚明白的不需要再作澄清的概念一样。麦金对信息的态度是自然主义者们对待信息最常有的表现。因为自然主义者们对自然主义尤其是对其本体论承诺有很大的分歧,所以自然主义者对信息本体论地位的理

---

[1] 列宁.列宁选集.第2卷.中共中央马克思恩格斯列宁斯大林著作编译局译.北京:人民出版社,1995:147-148.

[2] McGinn C. The Mysterious Flame. New York:Basic Books,1999:39.

解有巨大差异。在这里笔者不打算也不可能对所有自然主义者所使用信息概念进行分析，而只打算对在第一章中认可的具有语义、物理和句法三种属性的信息作出本体论说明。这个说明不但涉及对信息的理解，而且还涉及对本体论本身的理解。为此，笔者会首先说明一个全面无遗漏的并且具有开放性和生命力的本体论是什么样子。这样一个本体论，笔者将之称作多层次本体论。

本体论作为形而上学的核心内容，主要关注的是何物存在，因此本体论即是以"存在"（being）为对象的哲学研究。对一个本体论理论而言，回答何物存在，关键是要给出一个存在的标准。我们已经提到的自然主义给出了一个关于何物存在的标准：科学是存在的尺度。不同的自然主义者可以对此标准作出不同的解释，这就像对同一条法律规定人们时常作出不同的解释一样。对同一个标准的不同的解释能够产生一些更具体的标准，当然有些解释是错误的解释，正如物理主义的解释那样。多层次本体论同样是对自然主义的本体论标准进行解释的产物。在多层次本体论看来，世界上的存在有层次之分，整个世界都分散在各个存在层次之中。能够进入一个存在层次并将这个存在层次作为居所的东西，即是符合这个存在层次之存在标准的东西，但反之则不然。各个存在层次具有严格的界限，这个界限是由各个存在层次特有的存在标准决定的。各个存在层次的所有居民的整体就是世界。各个存在层次的存在标准都与自然主义的存在标准相一致，这种一致性就类似于法律与宪法的关系。具体而言，各个存在层次的存在标准分别对应每一个自然科学学科的规律和准则。比如，在各个存在层次中处于最基础层面的这个层次的存在标准就是时空规定性，它对应于物理学。只要具有时空特性的东西都能够进入这个层次，并因而在本体论上获得存在地位。在与物理学对应的这个存在层次之上是与各门具体科学相对应的存在层次。这里所说的具体科学是指所有能够成功的科学，既包括现有的自然科学如化学、生物学等，还包括将来可能出现的各种具体科学。在这个层次中，目的、功能可以进入与生物学对应的存在层次。这个层次中由各门具体学科划分的存在层次之间是并列关系，其内含的存在标准最多、最复杂。在这个层次之上还有一个层次，它对应着科学心理学、数学和逻辑学，这个层次的存在标准是抽象，凡是被抽象而产生的东西都可以在这个层次获得其存在地位，如数、逻辑符号、属性、关系等。

在这个层次之间并不存在由上到下的还原关系。因为多层次本体论中的存在者不是对世界中一切具体事物的一一对应，而是将世界拆散之后的重新组装和分类。比如，多层次本体论并不会将你桌上的一个杯子硬塞进与物理学对应的那个层面，而是将这个杯子打碎之后重新分配。因为与物理学对应的那个层面只能检验杯子的时空规定性，而不负责检验杯子的其他特性。比如，这个杯子的数量规定性，或者它对你有某种特殊的价值。因此我们可以说，杯子是由物质的东西构成的，但杯子不等同于物质的东西。在多层本体论的各个层次之间存在这相互关系，如因果关系和信息关系。关于信息关系和因果关系的问题将会在下一节专门说明。但是为了避免误解，在这里笔者先对因果关系做一点简单说明。在因果关系的问题上，多层次本体论反对那种把因果关系看作只能在微观物理的层次上才能存在的观点，因此因果关系并不仅仅存在于与物理学对应的层面，因果关系也不像福多等认为的那样是物理主义的专属物。

上述的关于多层次本体论的思想并非全新的东西，一方面它与西方哲学中关于存在谓词的研究成果相呼应，另一方面它还与一些类似的本体论思想相印证。在本体论问题上我们应该保持适度的宽容，也就是说，一但当我们发现有过去的本体论框架容纳不了的新的存在形式，就应该对原有的本体论框架进行扩张。因为本体论产生和发展的一个动力就是新的存在形式的发现，如电子等微观存在的发现无疑向以有形可感为存在标准的本体论提出了挑战，进而使本体论迈上新的台阶。但是这种宽容必须是适度的，如果把本体论的标准无限放宽就会导致所谓的"本体论人口爆炸"。

本体论的研究成果总会在语词上有所表现。比如，对非存在的研究不但使原有的本体论框架得到了扩张，而且还产生和发现了许多新的存在谓词。这些存在谓词表明我们的本体论图景比我们原先预想的具有更大张力，它是多层次、多维度的，而非全部包含在一个维度、一个层次之内。在西方哲学中，对存在和非存在的研究一直交织在一起。自布伦塔诺和迈农之后，关于非存在的研究大大向前推进了，这主要表现在对存在谓词的研究上。因为西方哲学在深入研究存在和非存在问题时，世界的复杂一面，以及以前对我们隐蔽的东西逐渐显露给我们。由于有新的东西被认识到了，它们又是过去的概念、语词表达不了的，所以就需要创立新的语词，或通过赋予旧词以新义以演化出新的语词。所以，在过去笼统地用"存在"来表述的本体论事实现在得到了更细更具体的表述。"实存""亚实存""所与""非存在"，以及"存在谓词""存在量词""载荷谓词""中立谓词"等的被安立就是本体论探讨由浅入深、由简到繁的一个必然的表现。由单一的"存在"分化出来的多个存在谓词，已经具有了鲜明的层次性，它和多层次本体论传达的一个共同思想就是世界上的存在应该得到更详细的划分，存在的标准相对而言是多而不是一。就像笼统地使用"存在"一词无法将世界上的所有存在都表述出来一样，单一标准的本体论并不能囊括整个世界。因此，存在谓词的分化和繁荣可以看作是传统本体论研究对多层次本体论的一个呼应。

当今哲学中也有类似的本体论模型与多层次本体论相呼应。比如，博格丹对"薄本体论"和"厚本体论"的划分也体现了多层次本体论的思想。博格丹认为阐述形而上学理论主要是通过抽象。抽象是一种有效的分析工具，博格丹将这种分析工具称作"薄（thin）本体论"。薄本体论所承诺的世界是一个仅仅以物质个例的形式呈现的世界，这些个例按照类型和规律进行排列和相互作用，也就是说世界的具体本质暂时被悬置了。这样一个世界中的居民所具有的特性是物质性，即处于时间和空间当中。薄本体论是一种有待例示的图示，一种占有位置或者等待着实际居住者的系统。一旦实际的居住者到来，一个真实的世界也就随之降临，这时薄本体论也就转换成为厚（thick）本体论。真实的世界在不同的层面上是一种厚本体论。一个厚本体论层面既通过构造的形态学，即构造的关键事项的属性和关系（如基本的粒子、分子或者细胞）来说明，又通过支配着这些事项的结构成分，以及它们之间的因果作用的规律来说明。这意味着，一个厚层面是由相应科学的规律陈述和理论术语来界定的。因此，世界的厚层面可以分别以科学的方式被描述为物理的、化学的或者生物的等。因此博格丹承诺的本体论实际上是一种多层次本体论，而且笔者认为，博格丹对薄本体论和厚本体论的区分对于我们建立多层次本体论是一个重要的、有价值的启示。这种区分带来的好处至少有两点：一是它使多层次本体论获得了更强大的解释力；二是它为多层次本体论本身的合法性提供了支持。只有通过对薄本体论和厚本体论进行区分，多层次本体论才能够与世界上的各种具体存在形式相对应。多层次本体论本身只是抽象的产物，它实际上对应于博格丹的薄本体论，只有与厚本体论相结合才能够构成世界。因此，与世界（事实）相对应成为多层次本体论本身为真的一个标志。

借用博格丹的区分，我们可以认为，在任何一个厚层面上，特殊的现象类型及其规律都仅仅将某些属性和关系过滤来，而将其他的属性和关系排除在外。只有被过滤进来的这些属性和关系才会在这个特定的层面上发挥结构和因果上的作用。例如，在化学的层面上，只有原子和分子（但没有基本粒子）作为适宜的成分类型和这些成分的排列在结构上发挥作用。其结果是受化学的层面上的规律限制的因果关系仅仅敏感于并因此仅仅涉及原子和分子的相互作用，而不涉及原子内的基本粒子。原子内的基本粒子属于物理学类型的职能范围。在化学层面的下一层面是物理学层面，上一层面则是生物学层面。同样，化学的成分、排列及其相互作用无法在生物学层面上发挥结构和因果作用。因为生物学层面有其自身的类型和规律。因此只要生物学限制（如繁殖或者对事物的消化）和规律（如传递物种的基因构造）得到遵守，一个生物学类型（如一个物种）对其个例（如特定有机体）的化学和物理学成分就是无关紧要的。

支持本体论过滤的最直接证据来自科学实验和技术应用。根据适当的科学理论，一些人工装置可以被置入到自然链条当中。比如，将人造心脏或者其他人造器官植入人体，但是人的身体并不排斥这些装置。这个现象并不意味着身体无法识别这些装置的物理本质，因为这些装置和人自身的其他器官一样在基础的层面都是物理的。同样，如果身体排斥这些置入装置，那肯定不仅仅是出于物理的原因。物理学无法对这些置入装置的成功与否作出解释。无论任何物理材料，只要呈现出某种组织形式，并且发挥了与大量生物的和化学的限制相一致的预先设计的功能，那么在适宜的厚层面上，人体就会对它敏感地作出反应。"通过巧妙的人工移植来愚弄自然就意味着利用自然的本体论过滤。"[①]

第四节 信息的本体论地位

在上面两节中，描述了两种本体论图景，即马克思主义的物质本体论和自然主义的多层次本体论。现在我们重新回到信息的问题上来。信息在这两种本体论中居于何种地位呢？这两种本体论之间又是何种关系呢？对多层次本体论而言，信息应该被划归到哪一个存在层次呢？在马克思主义物质本体论中信息又是如何存在的？

一、多层次本体论中的信息

对自然主义的多层次本体论而言，首先，信息不能够进入最基本的那个层次，因为如果它能够进入的话，就意味着它是具有时空规定性的东西，但是这与我们关于信息的一些常识相违背。当代心理学和心灵哲学几乎普遍接受的一个观点是：信息是心灵或者大脑直接处理和加工的东西。这就证明信息是超时空性的，否则人有限的大脑就会或者被无限大量的信息撑破，或者永远局限于当下。其次，信息似乎也不能进入多层次本体论的中间层次，因为没有任何一

---

① Bogdan R J. Information and semantic cognition: an ontological account. Mind and Language, 1988,(3): 81-122.

门具体科学是专门以信息为对象的。最后,我们也不能仅仅将信息看作是抽象的产物。自然界中存在的大量信息并不能仅仅被看作是抽象对象。所以柏拉图和弗雷格式的信息在自然界中是不存在的,而且他们也不是自然主义的盟友。作为抽象对象的信息仅仅是对信息的抽象。那么这样是否是我们多层次本体论相对于信息而言太过狭隘了呢?显然不是。问题的原因在于我们对我们的信息观念缺乏必要的、细致的分析。我们分别深入到每一个本体论层次中去进行考察,最后再总结我们上述的分析在哪里出了问题。

根据信息的物理观点,信息是无处不在的。信息的范围与物理对象的范围一样大,换言之,只要具有时空规定性的东西就必有信息。为了避免麻烦,我们这里暂时把能够进行信息处理的有机物抛开,仅仅考察自然界中典型物质对象的信息,并将这种信息称作自然信息。自然信息是最简单的信息,或者说是信息的最一般形式。任何信息在最基本的层面上都是自然信息。比如,在自然界中的烟与火之间的信息关系就是自然信息关系。自然界中的烟携带关于火的信息(烟亦指火)。这种信息关系由自然本身作为保障,因此它永远都只能是一种事实关系:自然信息不可错。古希腊的自然哲学对这种自然信息关系作出了最直观表达,比如,它对真理和意见进行了区别,对思维和存在的同一性作出了原始的说明[1]。我们可以用一个简单的原则来概括关于自然信息的观点:事实携带信息[2]。值得注意的是,一个事实所携带的信息与该事实的本质属性存在一定的关系。一个事实能够携带信息,这必然在该事实的结构中有所表示,但是与携带信息相对应的结构和决定该事实的本质规定性的结构是何种关系呢?在烟当中决定着烟携带关于火的信息的那些结构是否就是使烟成为烟的那些结构呢?我们只能够认为信息就像时空规定性一样是事实的属性之一,两者同样都不能被作为是事实的本质属性。我们可以从一者当中对另一者进行窥探,但不能用一者去规定另一者。信息、时空规定性等都是由事实的结构所决定的属性。所以结构是属性的基础,它可以决定事实是否具有,以及可能具有何种信息和时空规定性。我们在前面的分析中试图把事实的一种属性(信息)过滤到另一种属性(时空规定性)当中,犯了范畴错误。但是时空规定性虽然不能作为认定信息存在的完全的标准,却可以在一定程度上成为信息存在的标准。因为两者都与结构之间存在着直接关系,所以时空规定性是事实的一个标准(标志着物理对象的存在),进而例示了信息的存在(事实携带信息)。时空规定性是信

---

[1] 北京大学哲学系外国哲学史教研室. 西方哲学原著选读. 北京:商务印书馆:30-36.
[2] Israel D, Perry J. What is information?//Hanson P P. Information Language and Cognition. Vancouver: University of British Columbia Press, 1990:1-20.

息的充分条件，但不是必要条件。这样我们就得到了时空规定性与信息之间的一种关系，即前者是后者的间接标志。能够在我们的本体论层次的最基本层次存在的东西必然携带信息。

物理信息是信息的一种最基本形式，比物理信息更高级的信息是生物信息或者有机信息，后者对应于多层次本体论的中间层次。生物信息是物理信息与形式信息在生物体内的结合，这种信息最能够体现信息的流动性。比如，人头脑中的信息就是这种信息的典型代表。物理信息不能摆脱时空限制，但一旦当物理信息流入人的头脑之中，时空的限制就不复存在了。在前面的分析中之所以认为信息不能够流入头脑之中，原因在于混淆了物理信息和生物信息。进入人头脑中的信息只是原有物理信息的形式，物理信息的介质并不能进入头脑之中。比如，自然界的烟携带火的信息，当人看到或者闻到烟时，人就获得了关于火的信息，但是这时进入人头脑中的只是关于火的信息的形式，并不是烟本身。烟能够进入人的眼睛或者鼻腔但不能进入人的大脑。进入人的头脑中的形式信息会获得新的介质，这种介质是思维的媒介，如思维语言、心理语言等。思维媒介与原有的自然信息媒介处在信息流的不同阶段，与原有的自然信息的内容具有一种表征关系。生物信息之所以能够进入多层次本体论的中间层次，原因与物理信息类似：思维媒介在本质上是人头脑中的结构，因此属于生物学范畴。

至于作为抽象对象的信息同样是信息的一种形式。正如博格丹所说，自然本身就具有"抽象的"能力。把握这种能力对于理解世界和心灵当中的信息的本质都是必不可少的。如果信息观念描述了按照规律相互作用的结构和因果作用，那么自然在其每一个层面所呈现的这个选择性，必定会对编码信息所依赖的那个形式发挥作用。但是以此种形式被编码的信息在不同的层面都是可用的。这意味着，如果一种形式的信息在一个给定的层面被例示，那么这个例示能够仅仅只涉及由该层的类型和规律所过滤进来的属性、关系和相互作用的个例。这里体现着一种非对称依赖的思想。

二、物质本体论与多层次本体论

在考察信息在马克思主义物质本体论中的地位之前，我们首先要思考一个更具全局性的问题：多层次本体论和物质本体论之间是何关系？也就是说，这两种本体论关于世界上有何物存在的回答是否是一致的，它们是否都按照自己的范畴体系将世界上所有的存在一览无余？如果答案是肯定的话，那这就无异于告诉我们，信息同样是可以进入马克思主义的本体论范畴体系的。

在本书第一章的分析中，我们已经看到，自然主义和唯物主义在哲学史上一直都是一对坚定的盟友，而且通过研究马克思主义经典著作，我们可以发现，对于被自然主义的多层次本体论作为基础概念的科学，在马克思主义哲学中同样占有重要地位。马克思的新唯物主义的创立就直接从当时的自然科学中汲取了营养，而且当时物理学的许多最新成果都被用于同形而上学唯物主义机械自然观的斗争当中。在马克思、恩格斯和列宁的著作中也经常可以看到"最新的自然科学""自然科学的最新成果"这样的字眼。他们还认为自然科学可以被作为唯物主义的佐证："世界的真正统一性是在于它的物质性，而这种统一性不是魔术师的三两句话所能证明的，而是由哲学和自然科学的长期的和持续的发展来证明的。"[1] 根据马克思的观点，唯一的一门科学称作历史科学，它可以分为自然史和人类史，自然史即是自然科学，他通过人的存在与人类史相互制约[2]。自然观和历史观与唯物主义一起构成了辩证法。恩格斯明确指出："马克思和我，可以说是从德国唯心主义哲学中拯救了自觉的辩证法并把它转化为唯物主义的自然观和历史观的第一人。"[3] 列宁在谈到唯物主义和马赫主义的区别时提到了唯物主义和自然科学在本体论上的一致性："唯物主义和自然科学完全一致，认为物质是第一性的东西，意识、思维、感觉是第二性的东西。"[4]

此外，在马克思主义经典著作中，关于物质、自然和科学之间关系的论述也为我们认识多层次本体论和物质本体论之间的关系提供了帮助。物质和自然、自然界的关系问题是新唯物主义和旧唯物主义及唯心主义争论的一个焦点，而且正是自然界使唯心主义遭到破产。列宁在《唯物主义和经验批判主义》的代绪论中提到，唯心主义者贝克莱一方面嘲笑说唯物主义所使用的"物质"一词就等于"无"这个词，另一方面又竭力掩盖他的哲学的唯心主义面目，说他的哲学"没有使我们失去自然界中的任何一物"[5]。唯心主义者竭力把物质和自然界之间的联系割裂开来，因为"物质一旦被逐出自然界，就会带走很多怀疑论

---

[1] 马克思，恩格斯. 马克思恩格斯全集. 第3卷. 中共中央马克思恩格斯列宁斯大林著作编译局译. 北京：人民出版社，1960：20.

[2] 马克思，恩格斯. 马克思恩格斯全集. 第20卷. 中共中央马克思恩格斯列宁斯大林著作编译局译. 北京：人民出版社，1971：48.

[3] 马克思，恩格斯. 马克思恩格斯全集. 第20卷. 中共中央马克思恩格斯列宁斯大林著作编译局译. 北京：人民出版社，1971：13.

[4] 列宁. 列宁全集. 第18卷. 中共中央马克思恩格斯列宁斯大林著作编译局译. 北京：人民出版社，1959：39.

[5] 列宁. 列宁全集. 第18卷. 中共中央马克思恩格斯列宁斯大林著作编译局译. 北京：人民出版社，1959：20.

和渎神的看法"[1]。自然界有时候被作为物质或者存在的同义词使用，唯物主义即"认为自然界、物质是第一性的"[2]，"承认自然界和外部世界是不依赖于人的意识和感觉的就是唯物主义"[3]，"物质、自然界、存在、物理的东西是第一性的"[4]。列宁在批判经验批判主义的认识论时，曾经提出过人出现以前的自然界是否存在这样的问题，并以此来论证物质第一性。他指出，自然科学自发的认识论"肯定"认为这样的自然界是存在的，而经验批判主义则不得不面对它与自然科学之间的这一矛盾。列宁在论述唯物主义的自然观时提到："自然界＝第一的、非派生的、原初的存在物。要知道，我确定不移地用自然界代替存在，用人代替思维。"[5]自然界是物质的，"自然界是有形体的、物质的、感性的"[6]。

自然、自然界与物质、存在是同等程度的概念，它对马克思主义哲学具有不可替代的作用。自然界对于辩证法具有重要意义。因为唯物辩证法不仅是从自然中产生的，而且"自然界是检验辩证法的试金石"[7]。恩格斯在《反杜林论》中说明思想、意识及人本身时就是以自然界为基础的，他指出："如果进一步问：究竟什么是思维和意识，它们是从哪里来的，那么就会发现，它们都是人脑的产物，而人本身是自然界的产物，是在他们的环境中并且和这个环境一起发展起来的；不言而喻，人脑的产物，归根到底亦即自然界的产物，并不同自然界的其他联系相矛盾，而是相适应的。"[8]

由以上分析，我们可以看出，在物质和意识何为第一性这样带有本体论性质的问题上，唯物主义和自然主义是一致的。恩格斯批评杜林说："一切存在的基本形式是空间和时间；时间以外的存在和空间以外的存在，同样是非常荒诞

---

[1] 列宁．列宁全集．第18卷．中共中央马克思恩格斯列宁斯大林著作编译局译．北京：人民出版社，1959：19.
[2] 列宁．列宁全集．第18卷．中共中央马克思恩格斯列宁斯大林著作编译局译．北京：人民出版社，1959：48.
[3] 列宁．列宁全集．第18卷．中共中央马克思恩格斯列宁斯大林著作编译局译．北京：人民出版社，1959：69.
[4] 列宁．列宁全集．第18卷．中共中央马克思恩格斯列宁斯大林著作编译局译．北京：人民出版社，1959：149.
[5] 列宁．列宁全集．第38卷．中共中央马克思恩格斯列宁斯大林著作编译局译．北京：人民出版社，1988：57-58.
[6] 列宁．列宁全集．第38卷．中共中央马克思恩格斯列宁斯大林著作编译局译．北京：人民出版社，1988：65.
[7] 马克思，恩格斯．马克思恩格斯全集．第20卷．中共中央马克思恩格斯列宁斯大林著作编译局译．北京：人民出版社，1971：25.
[8] 马克思，恩格斯．马克思恩格斯全集．第20卷．中共中央马克思恩格斯列宁斯大林著作编译局译．北京：人民出版社，1971：38-39.

的事情。"①恩格斯否认时空之外的存在，同自然主义多层次本体论中的"时空规定性"标准是相一致的。如果我们把自然主义关于"科学是存在的尺度"论断中的科学理解为马克思和恩格斯所说的一切科学，即既包括关于自然界的科学又包括关于人类社会的科学，那么把科学作为本体论标准和把物质作为本体论标准就是完全一致的。多层次本体论只不过是使用科学中的概念范畴来重新演示了物质本体论已经划分过的范畴体系。这两种本体论在关于存在的范围上并没有出入，只不过马克思主义物质本体论中所说的物质就是多层次本体论中的科学所能表述的全部内容。多层次本体论中所说的物质只能看作是物质本体论中所说的物质的一种样式。

既然物质本体论和多层次本体论所承诺的存在范围是一样的，那么后者所承诺的信息在前者当中必然是有一席之地的。我们当前的问题只在于说明信息在物质本体论的范畴体现中应该如何划分。按照图 8-1 的划分来说，笔者认为，在物质的三种存在方式即社会存在、自然存在和精神存在中都有信息，它们分别对应于社会信息、自然界信息和精神信息。这里所说的自然界信息是指在自然界中存在的信息，它和社会信息一起构成了我们在多层次本体论中规定的自然信息，这是最基本层面的信息。精神信息是这两种信息的产物，即是人类心灵当中关于自然界和社会的信息，对应于多层次本体论中的生物信息。所有这些信息在最基本的层面都是物质的，有物质构成并有物质实现。所以，自然信息与生物信息之间的关系体现了物质与精神、存在与思维之间的统一性。

三、to be 与 to inform

当前国内对信息本体论地位的研究已有不少著述，但其中存在两种主要的错误倾向，在此有必要一并指出。一是主张彻底取消信息的本体论地位，即认为信息只应被看作是一个认识论范畴，而不是本体论范畴②。这种主张错误的原因在于它对信息作出了错误的心理主义的理解。而且这种主张对本体论本身的理解与本书中的理解不同，因此我们在此不做重点分析。二是肆意夸大信息的本体论地位，试图用信息本体论取代原有的哲学本体论，甚至于否定马克思主义的物质本体论③。这种观点集中体现为一个哲学命题：To be is to inform。这个命题是由叶秀山先生提出的，其理由在于："information 是属于自然的，不是人

---

① 恩格斯. 反杜林论. 中共中央马克思恩格斯列宁斯大林著作编译局译. 北京：人民出版社，1999：69.
② 肖锋. 重勘信息的哲学含义. 中国社会科学，2010，(4)：32-43.
③ 刘钢. 信息哲学探源. 北京：金城出版社，2007：132-133.

文的……凡是发出'信息'者，皆为'有'，为'实'，只不过是这些外在对象没有经过人的感官处理……一经人的感官处理就变成了'思想'-'理论'的产物，即人文的 message。在叶先生看来，自然是相对于人文的，也就是说，'信息'（information）属于 ontological 层面上的，'讯息'（message）则为 ontic 层面上的。"[1] 这种观点同样看到了自然信息在进入人的头脑中之后所发生的变化，并且用"自然的"与"人文的"、"信息"与"讯息"等词汇将这种变化标识出来。我们暂时不管术语上有何不同，仅仅从这些术语的所指来看，这种划分是否造成了信息流的断裂呢？属自然的"信息"能够转化为属人文的"讯息"中间是否应该存在一定的连续性呢？为什么信息进入人的头脑中（变成人文的讯息）就不能再成为信息呢？如果原因在于 information 是属于自然的话，那么我们又有什么理由对信息作出这种规定呢？人以外的动物甚至微生物同样能够接收和处理其环境中的信息，那么动物头脑中的信息是属人文的还是属自然的呢？所以这个命题错误的根源在于没有厘清自然信息与生物信息之间存在的内在关系，把信息的一种形式，即自然信息错误的看作是信息的全部。

在本章中，笔者已经从词源学角度对 to inform 进行了初步研究，但是这个研究主要是从认识论意义上进行的。迄今为止笔者尚未在汉语中找到适当的词汇来对应"inform"，除了前面提到的该词有多重含义的原因外，该词难以翻译的另一个原因是它确实具有本体论的意蕴。"to inform"或许是唯一一个兼有本体论含义和认识论含义的词汇。从本体论层面看，to inform 本身就意味着某种存在。但是 to inform 并不像叶秀山认为的那样表达了 to be 的全部，而只是表达了 to be 的一部分。原因很简单：inform 总是关于某些东西的 inform，某些东西并不是一切东西，而本体论所涉及的是一切东西，所以 inform 不是本体论的全部对象。笔者认为，"inform"与"exist""there be"一样都是"to be"的表现形式，它们在层次上低于 to be。真正的本体论是以 to be 为直接对象的，to be 可以表述一切。

---

[1] 刘刚. 信息哲学探源. 北京：金城出版社，2007：133.

第九章

关于信息语义学的若干思考

在对信息及其本体论地位作出一番探讨之后,我们现在可以重新回到信息语义学的问题上来。本书研究信息语义学的目的在于为国内的内容研究特别是马克思主义认识论研究提供一定的借鉴,那么要完成这项工作我们首先应当对信息语义学作出一番总结,以了解信息语义学的成果能够告诉我们什么,这是本章第一节的内容。在对当前主要的信息语义学理论进行总结和评价的基础上,笔者指出,这些理论的一个共同缺陷在于没有厘清信息关系和因果关系之间的关系,因此不能够根据信息关系对心理内容作出合理的说明。在第二节中,将尝试着对这两种关系进行澄清,并主要通过对福多的非对称依赖性理论的改造阐发一种可能的信息语义学理论。

第一节 信息语义学的成果能说明什么

在前面的章节中,介绍了信息语义学的几种主要样式,并且结合当前信息哲学研究的一些成果对信息概念进行了梳理和界定。对本书的目的,即用信息说明心理内容而言,对信息概念本身的研究是一项必不可少的工作,但是完成这项工作只是为我们的目标的达成提供了一个基础。如何用信息说明心理内容,换言之,如何完成从信息到语义的飞跃,这是信息语义学的总问题。除此之外,本书研究信息语义学的目的并不单纯只在于对这个理论本身进行介绍、梳理和评价,还要在此研究基础上与马克思主义有关内容的论述产生互动,用马克思主义的基本原理指导信息语义学研究,用信息语义学的积极成果为研究和发展马克思主义认识论服务。

对信息本身的界定和理解会直接影响到对信息语义学的界定和理解。因为，如果信息语义学作为一种自然化方案真的能够成功的话，信息在这个复杂而庞大的工程中无疑要扮演最为重要的角色。我们可以说信息就是信息语义学的基础概念，是信息语义学的基石。德雷斯基、米利肯、博格丹等的信息语义学理论的一个共同之处在于他们都是从信息，具体来讲是从自然信息起步的。这不仅是因为他们都具有共同的自然主义的承诺，而且还因为信息语义学家一般都是外在主义者：承认信息在心理内容发生中的基础地位，就必须承认外部环境对个体心理内容的影响，进而把信息内容看作为一种非基本的属性。所以，具体到对内容的分类上，真正坚持信息语义学就意味着承认宽内容。这一点与马克思主义关于内容的认识是一致的。因为马克思主义认识论中所理解的内容实际上就是宽内容，即是由人脑对外部世界进行反映所产生的内容。换言之，信息语义学和马克思主义对心理内容的来源至少在这个方面是一致的，区别只在于信息语义学用了更具体、更专门的术语"信息"来明确这个来源到底指的是什么。我们在第八章中已经通过比较详细的分析表明，自然主义与唯物主义、信息与物质之间存在一致性。这些都告诉我们，如果信息能够说明内容的话，那么用信息语义学来重新解读马克思主义认识论同样是可行的。

　　那么，信息是否真的能够用来说明内容和意义呢？换言之，信息语义学到底是否可行呢？它的前景和出路如何呢？对于这些问题，当前国内外哲学界都存在激烈争论。信息能否说明语义，这不仅关系到信息语义学的成败，而且关系到整个自然化运动的走向。因为信息语义学作为当前自然化运动中的最主要的理论样式，已经对自然化的格局产生了深刻的影响。信息语义学所面临的主要困难，如错误问题、表征问题同样会是当前困扰心理内容自然化的主要问题。当前赞成或者从事信息语义学研究的哲学家，如德雷斯基、米利肯、帕皮诺、博格丹、亚当斯、佩利等，同样是自然化运动的主要旗手。不可否认，在当前看来，包括各种样式的信息语义学理论在内，还没有任何一种自然化理论是完全成功的。这些理论总是在它们的自然主义承诺和心理内容的语义属性之间难以两全。坚持了自然主义，在说明语义属性特别是错误问题和表征问题时就总会遇到这样那样的问题，反之亦然。德雷斯基作为信息语义学的奠基者，为解决错误问题作出了大量努力，但是正如我们前面已经提到的，他借助学习阶段设定和目的论因素对错误问题进行的解答同样遇到各种问题。米利肯继续德雷斯基的努力，正如她所言，目的论语义学的主要目的就是要解决错误问题。通过米利肯的努力，困扰德雷斯基的错误问题似乎被解决掉了，但是困扰米利肯的问题即功能不确定性问题又产生了。而且功能不确定性问题只不过是在目的论语义学中改头换面的错误问题而已。博格丹的目的论语义学同样为解决错误问题作出了努力,但是,他对于增量信息作出了心理主义的理解和规定,所以无怪乎德雷斯基会批评他偏离了自然主义的航向。福多对上述的解决方案都不满意,他抛弃了自己曾经坚持的目的论方案,转而诉诸非对称依赖性理论。这一理论正如他自己所说,肯定解决了错误问题,但是福多把信息关系和因果关系混为一谈,所以他的理论并不是像他自己所说的那样属于真正的信息语义学。

如果按照上面的评价,似乎信息语义学乃至整个自然化方案都是行不通的。从信息语义学诞生之日起,赞成它的人和批评它的人就似乎一样多。除了上面列举的这些主要问题之外,对信息语义学各个样式的批评更是五花八门、数不胜数。但是一种理论遇到问题并不意味着我们就要全盘否定这种理论,这或许只说明这种理论有待改进。信息语义学家前仆后继地围绕错误问题展开探讨本身就表明信息语义学是一种有生命力的理论。比如,德雷斯基所提出的学习阶段假定,虽然受到了很多批评,但是它对概念如何生成所做的说明无疑是值得重视的。在分析哲学传统当中,无论是以弗雷格、罗素、早期维特根斯坦、石里克和卡尔纳普为代表的逻辑分析学派,还是以摩尔、后期维特根斯坦、奥斯丁和塞尔为代表的语言分析学派,在研究意义问题时都重视对句法的分析,而忽视对语词的分析。普特南对这种分析意义的传统做法提出了质疑,要求重视对语词、对概念的分析,而信息语义学家则通过各种概念原子论响应了普特南的倡议。人们习得一个概念肯定离不开语境,这是毋庸置疑的,正如蒯因所说:"随着一个儿童的成长,他会越来越倾向于用一些成分构成新句。然而即使很有经验的人学习一个新词,通常也是在一定的语境中进行,即通过举例或者类比来学习包含该词的句子的用法。"[1]但是问题在于对语境的强调是否就把握了概念习得的全部呢?其实包含语境和周围自然信息在内的学习环境对学习者而言都是必不可少的。如果离开了对对象的最简单的指示和命名而空谈学习,那就是纸上谈兵。重视概念习得在意义研究中的作用,也就意味着信息交换在内容研究中的作用。马克思也曾经批评过那种在纯粹的语言构成的世界中绕弯子的做法,而是强调认识的实践来源,即语言正是在劳动中习得的。劳动、实践的过程是一个信息交换的过程,而我们通常所说的实践检验的过程对学习而言也就是一个通过试错逐步形成概念的过程。当然,我们不能保证所有的概念都是通过这种方式习得的,但是至少有一部分概念是在学习阶段中习得的。除此之外,

---

[1] W. V. O. 蒯因. 语词和对象. 陈启伟,朱锐,张学广译. 北京:人民大学出版社,2005:14.

信息语义学还告诉我们概念和其他心理内容在本质上就是信息。心理过程在本质上就是一个信息处理过程。这与当代计算主义的观点同样是一致的。所以，如果我们把信息语义学放到哲学史上对心理内容的整个自然化历程中来看的话，我们反而应当肯定信息语义学所做的工作，毕竟它在此方面取得的成果是以往任何一个时代都无可比拟的。再者，信息语义学的发展告诉我们，像德雷斯基早期那样单纯诉诸信息说明心理内容的强信息语义学是难以奏效的，最终成功的解释可能需要包括信息在内的多种要素。比如，目的论语义学的目的就是一个必不可少的要素。信息论说明和目的论说明是相互促进、缺一不可的。缺少了信息论说明，目的论说明就没有了可靠的基础，而缺少了目的论说明，信息论说明就丧失了灵魂和方向。

进行心理内容的自然化之所以困难重重，还有一个重要的原因在于信息语义学所诉诸的概念有很多都是非常模糊、晦涩的。首先是作为解释项的"内容"，我们在前面的章节中已经看到此概念给人们的研究所带来的种种困难。但是尽管面对这种困难，我们却可以肯定没有人会同意就此在哲学研究中舍弃"信息"这一术语。相反有很多哲学家都对信息概念充满的期望，把解决包括心理内容自然化在内的很多哲学问题的希望都寄托于信息。正如亚当斯所说，将信息概念引入哲学研究是20世纪最重要的哲学成就。所以，尽管困难重重，但我们仍应当相信，如果自然化真的可行的话，那么信息语义学就是最有希望成功的方案之一。除了信息之外，作为被解释项的"内容"同样令人难以把握。对此，我们应该认识到"内容"（宽内容和窄内容）这一术语就像"表征"一样是非常模糊的：它既可以指代一个大脑状态所表征或者关于的外部对象（状态、属性等），又可以指代内在于头脑当中的这个状态所具有的语义属性或者语义能力。信息语义学所提出的粗内容和细内容的划分在一定程度上对内容概念进行了澄清，这可以看作是信息语义学的又一个贡献。

一般而言，信息语义学都被看作是一种心理内容的原因理论，即主要侧重于说明心理内容如何产生，或者说思维是如何关于对象的。当前人们对信息语义学无法产生令人满意的说明主要有两种不同的反应。第一种反应是声称包括信息语义学在内的语义自然化方案完全是错误的。对此又有两种不同意见：一种意见仍然坚持自然主义，并因此认为根本就没有语义属性存在，这种观点重新回到了语义取消论的路子上去，它采取强硬的自然主义立场，但付出的代价是语义学；另一种意见主张存在有语义属性，但是却认为这些语义属性是独立于自然属性的。这种观点实质上是一种语义二元论，在当前以查莫斯为代表，与布伦塔诺和戴维森的语义学主张是一致的，它们坚持了语义学，但代价却是牺牲了自然主义。本书前面已经提到，无论是语义取消论还是语义二元论我们都无法接受，因为它们同我们坚持自然主义和彻底唯物主义的立场相违背。第二种反应可以称作为自然主义的语义神秘主义，这是近来比较受重视的一种观点，其代表人物是麦金。这种观点认为尽管语义自然主义是正确的，但是我们却不可能发现语义属性的自然化条件，尽管我们有理由相信这些条件对于语义属性是充分的。换言之，完全清晰明白的语义自然主义可能是错误的，但是神秘模糊的语义自然主义是正确的。原因在于，对语义属性而言充分的自然化条件太过复杂、缺乏系统性，因此我们无法充分认识。可见，这种神秘主义的观点最终导向了不可知论。我们坚持马克思主义的认识论就必须反对这种不可知论，但是这种神秘主义观点至少向我们表明了一点，那就是语义属性的自然化条件当中可能确实有一些我们在当前尚无法把握的东西。这与我们前面关于信息的认识也是一致的。我们现在可以认识信息的一部分但不是全部属性，这就决定了以信息为基础进行语义自然化不可能获得完全的成功。但是我们有理由认为语义自然化方案会在将来获得成功。

第二节　一种可能的信息语义学方案

在上一节中，笔者对当前主要的信息语义学理论的成果进行了评价，这种评价虽然使我们认识到完全成功的信息语义学理论在将来才可能会出现，但对现在的研究而言并非无事可做。我们可以通过利用我们对信息的已有认识，改造当前的信息语义学理论，使之尽可能的合理化。笔者将从福多的内容理论谈起，因为福多一方面对前人的内容理论作出了比较全面的总结，抓住了这些理论的要害，另一方面还针对前人的困难建立了自己的内容理论即非对称依赖性理论。福多的非对称依赖性理论正如他自己所言确实避免了信息语义学所造成的析取问题。但是，福多的解决方案却是以牺牲信息语义学为代价的。因为福多的理论动摇了作为信息语义学基础的信息概念。福多把因果关系作为信息关系的基础，甚至有时直接把两者等同起来。通过把信息关系改造为因果协变，进而利用非对称依赖性来加以说明，福多确实为解决析取找到了一种很好的方法。但是问题在于福多从一开始就对信息关系作出了错误的表述。所以，福多的内容理论并不像他自己所说的那样是一种真的信息理论,而更像亚当斯等质疑的那样不能算是真正的信息语义理论。实际上,信息在福多的内容理论中是可有可无的。福多自己在《内容理论》一文中就曾经抛开信息概念,仅仅利用语言分析的方法得出过同样的结论。实际上,福多的错误是我们上面考察过的信息语义理论共同的一个错误。这个错误的根源在于没有认识到信息及信息关系的本质,因此不能建立起完全以信息为基础的内容理论。它在方法上的表现是,先利用信息来说明内容,随后在遇到困难时诉诸信息之外的东西。比如,德雷斯基先后诉诸学习和功能,米利肯诉诸消费。福多对这些方法表示不满并对之进行系统的批判,而且他在这个问题上找到了一种正确的应对方法,即非对称依赖的方法。但是福多对信息的理解却出了错。福多没有像德雷斯基、米利肯、博格丹那样从自然信息出发进而转向人头脑中的信息,而是对所有信息作出了笼统的、以因果性为基础的理解。所以福多没有消除德雷斯基等的问题,而只是回避了问题。

福多非对称依赖性理论的建立源自于他把信息关系归结为因果关系,但这也正是其理论的最大问题所在。心理内容作为一种表征内容,体现的是一种关系性,即心灵与世界(即认知对象)之间的关系性。对于关系性的东西确实应当用关系性的东西来予以说明,但是福多没有看到信息关系本身就是说明心理内容的最佳选项,反而诉诸因果关系了。信息关系与因果关系的确很容易引起人们的混淆,因为从直观上看,信息关系好像是以因果关系为基础的。在很多人们熟悉的事例中,信息流确实明显依赖于潜在的因果过程。根据信息的物理观点,信息的产生者和接收者直接通过一个信道被连接,信息产生者产生的信息通过信道传递给接收者的过程就是一个以信息产生者(或其中的事件、状态、过程)为原因,以信息接收者(或其中的事件、状态、过程)为结果的因果过程。信息产生在先,信息接收在后,信息产生和接收之间总是具有某种限制,并且这种限制往往是一条规律。因此,信息关系被很多人认为是典型的因果关系。比如,福多就是持这种观点的典型代表,在他看来,因果关系必然蕴含着信息关系,信息关系是因果协变的,所以必须诉诸非对称依赖性才能解决由信息的因果协变所带来的表征问题。但是,在这里要指出,上面给出的这种对信息关系和因果关系的说明,如福多式的说明,并没有真正把握信息关系的实质(我们暂且悬置因果关系)。在这一节中笔者要说明,信息关系和因果关系之间并不存在必然的依赖性,它们之间存在一定的联系,但这种联系是偶然的。

要说明信息关系和因果关系之间的关系，似乎离不开对因果性的说明。但是因果性在任何哲学研究中都是一个既无法回避，又无法克服的难题，似乎对因果性的任何讨论都会最终陷入到永无休止的争论中去。而且"原因"这个词本身就是充满歧义的[①]。对本书的目的而言，笔者没有必要而且也不情愿使自己陷入到这样的麻烦中去。因此，笔者勾勒出大多数人对因果性的一些最基本要求，然后将它与信息关系进行比较，以澄清信息关系与因果关系存在何种区别和联系。

因果关系的产生需要具备什么样的一些条件？我们逐步来回答这个问题。首先是范围或者环境，即因果关系发生的范围有多大。一些观点认为，因果关系只能够在物理事件之间发生。根据这种观点，因果关系与信息关系在发生的范围上就存在明显不同，因为根据前面的论述信息关系可以不受制于时空规定性。即使我们把因果关系发生的范围放宽，我们仍然可以发现信息关系与因果关系之间的区别。因为信息关系存在的范围永远要大于因果关系。世界上的任何事实都携带信息，并因此预示着信息关系的存在。但是并非所有事实都预示着因果关系的存在。世界上可能存在一些不受因果关系制约的事件。即使在一些极端的决定论那里，因果性对信息流也不是必需的，没有因果性也能具有完整的信息，有了因果性也可能没有信息。比如，所谓的完美犯罪，就是因果关系在场而信息关系不在场的最好证明。一个人的犯罪行为必然产生一定的结果，但是如果这个人足够小心使得其行为造成的结果完全不能呈现出关于其原因的信息，那么这样的犯罪就是完美犯罪[②]。比如，A 杀死 B，但是 B 的死亡这一事实却可以不携带任何关于其死亡原因的信息，这就是为什么警察对命案必破的承诺永远都不可能实现。所以，结果可以包含亦可以不包含关于其原因的信息。另外，信息关系也可能在没有因果关系出现的时候出现。比如，牛顿和莱布尼茨分别发明微积分，那么他们的成果之间肯定存在信息关系，但是这里并不存在因果关系。所以因果关系并不是信息关系的充分条件。

把信息关系和因果关系区别开来，对于我们随后以信息为基础的说明语义具有重要作用。上述内容已经提到，在多层次本体论中自然信息对于生物信息的形成具有重要作用，而且这种作用常常被误解成是原因对于结果的作用。这种误解在当今的心灵哲学研究中已经造成了非常严重的后果，它导致很多哲学家（如福多等）在说明心理内容时都试图用因果关系去解决那些本应用信息关系去解决的问题。这或许是由于很多人认为因果关系是比信息关系更基本更

[①] 科林伍德. 形而上学. 宫睿译. 北京：北京大学出版社，2007：217.

[②] Dretske F. Knowledge and the Flow of Information. Oxford: Basil Blackwell, 1981: 31.

符合自然主义要求的一种关系。但是这样的想法事实上是毫无根据的。信息关系同样是自然界中的基本关系，它和因果关系时有交叉，但并不总是伴随在一起。在自然界中，烟与火既存在因果关系又存在信息关系，但这些关系存在显著区别。在因果关系中，火是烟的原因，但烟并不是火的原因。在信息关系中，烟携带火的信息，火也携带烟的信息。而且如果我们使这条因果链继续加长把人的感觉和思维也作为其中的一部分，那么信息关系和因果关系的区别还会表现得更加明显。在这种情况下，烟既是火的结果，又是人的心中关于烟的观念的原因。如果按照因果解释的话，这个过程就是火→烟（自然的）→烟（观念的）。但是在实际情况中，这个解释可能会碰上一些难以解决的困难。比如，当然人们看到烟时，心中产生的可能并不是烟的观念，而是敌人来进攻了这一观念（假定这里的烟是狼烟），或者我的健康正受到危害这一观念（假定我看到有人在我旁边抽烟）。这些观念的产生用因果解释是完全无法说明的，其原因不在于我们对因果关系的理解有什么问题，而在于我们在解释时诉诸了错误的解释模式。因为类似于以上这些心理内容的产生过程是由信息关系支配的，而不是由因果关系支配的。我们可以说，自然信息流入有机体内形成了生物信息，或者生物信息是以自然信息为依托的，但不能说自然信息引起了生物信息。换言之，在解释心理内容时，环境与有机体之间存在的是信息关系，而非因果关系。

诉诸信息关系对心理内容的说明是一种纯粹以信息为基础的说明。之所以说它纯粹主要是因为这种说明只需要利用信息关系就可以说明心理内容的一切特性。比如，心理内容的一个最主要特性在于它是可错的。一般认为这是用信息说明语义的一个难题，随后我们会看到福多、德雷斯基、米利肯等为解决这一难题所做的努力。这一难题的难处在于，信息被认为是不可错的，而心理内容是可错的，那么如果单纯诉诸信息关系的话，似乎就很难说明为什么不可错的东西突然间变得可错了。笔者认为，这个难题产生的原因在于以往这些说明把信息关系和因果关系混淆在一起，没有对信息关系作出正确的理解。

利用非对称依赖性的方法来解决问题并不是福多的首创。德雷斯基在说明信息内容如何转化为语义内容时利用的就是非对称依赖的方法。比如，德雷斯基在一个事例中用该方法说明了何以能够让正方形而非矩形成为人的心理内容。再者，心灵哲学家经常对类型和个例进行区分，用以修补自己理论上的一些漏洞。这种区分实际上利用的也是非对称依赖的方法。比如，个例的产生要依赖于类型的存在，但是类型则不依赖于个例。福多没有发明非对称依赖的方法，但是却把这种方法的巨大效用显现出来。我们只要能够对信息作出正确的说明，

| 信息与心理内容 |

再利用非对称依赖的方法就能够恰当地说明内容。

对内容的恰当说明应当从自然信息起步。自然信息是不可错的，因为自然界从来不犯错。但是自然信息进入人的头脑之后，即变成生物信息之后错误就出现了。那么，这个错误之所以会出现存在有两种情况。第一种情况是信息没有变化（信息内容也没有变化），即自然信息和生物信息的内容是一致的，但是生物信息（内容）变成语义内容之后，语义内容和信息内容出现不一致，即语义内容出了错。第二种情况是语义没有变化（生物信息发生了变化），即自然信息和生物信息的内容是不一致的，因此，在生物信息（内容）转化为语义内容之后，语义内容和自然信息的内容出现了不一致。以往的信息语义学都仅仅只注意到了第一种情况并对之进行了分析。因为在他们看来，在自然信息转化为生物信息的过程中，信息内容是不会发生变化的。这种看法产生的原因在于混淆了信息关系和因果关系。在第二章中已经指出，因果关系并非信息关系的充分条件。所以，自然环境中 A 的出现并不必然导致关于 A 的信息在有机体内产生生物信息 A，有机体完全可能产生关于 B 的生物信息。比如，自然界中烟的出现可能导致人的头脑中产生信息内容为敌人来进攻了的信息。在分析错误表征时，这种关系表现得最为明显。按照笔者当前的说明，一个人把马表征成为牛，原因不在于他从正确的信息（马）中析取出了错误的内容（牛），而在于他从错误的信息（牛）中正确地析取了内容（牛）。现在问题的关键是，自然信息（马）转化为生物信息（牛）的过程中发生了什么变化呢？这里问题的关键在于，在处理信息时，不同的人处理的实际上是由同一条自然信息转化而来的不同的生物信息。所以从表面上看，同样的一条信息，由不同的人处理就会产生不同的意义。这里确实存在着一种非对称依赖的关系，而且把握这一关系确实是解决析取问题的关键，但是这里的非对称依赖关系并不像福多所描述的那样。存在着非对称依赖性关系的是自然信息和生物信息：生物信息非对称的依赖于自然信息。这样我们就能够说明内容（意义）如何从物理世界中产生出来。比如，我们可以用下面这样一个简单的事例来阐明这一问题：蚂蚁在寻找食物时会忽视沙子、木材、泥土等，而当它遇到一块糖时则会将它带回巢中，那么这块糖对蚂蚁有意义吗？很明显，蚂蚁在寻找事物时会辨别不同事物。这种辨别行为表明这块糖对蚂蚁是有意义的。但这并不意味着蚂蚁理解这块糖的意思，或者理解其自身行为的意思。蚂蚁可能只是按照其大脑中编程的算法运作。例如，该算法可能是：如果它尝起来甜，要是你饥饿就吃掉它，要是你不饿就把它带回家。如果这只蚂蚁遇到了另一只蚂蚁，第二只蚂蚁借助外激素向第一只蚂蚁发送了消息。第一只蚂蚁根据此消息改变了它的行为。这里就出现了一个传统的符号学情境：发送者—消息—接收者。因为接收者即第一只蚂蚁能够翻译这条信息并据以行为，所以这条信息对此蚂蚁必然有意义。问题是，这只蚂蚁能够理解这个消息吗？它可能是不理解的。这只蚂蚁只是按照大脑中编程的算法运作。而对于其大脑中被编成的算法我们则要从进化、学习和编程中去寻找其来源。

第十章
马克思主义的内容理论之重新解读

马克思主义经典著作中有大量的关于心理内容的论述，这些论述或者直接涉及"内容""思维内容"这些术语，或者涉及"感觉""意识""表象""精神"等其他类型的表述。本章第一节将深入到马克思主义经典文本当中，对这些表述进行归纳、整理和分类，以了解在经典作家看来，哪些心理现象具有心理内容，心理内容有哪些特征，它们是如何被获得的？在第二节中，将结合当前国内利用信息概念发展马克思主义认识论的已有成果，对马克思主义内容理论和信息语义学之间的关系作出评价，进而说明为什么说信息语义学是发展马克思主义认识论的一种可资借鉴的理论。

第一节 马克思主义经典作家论内容

一般认为对"意义""内容"的研究是经过"语言学转向"之后的现当代西方哲学的典型特征，马克思主义哲学对此方面鲜有论述。但事实却并非如此。只要通过仔细的分析和研究我们就能够发现，马克思主义经典著作中有大量关于内容、心理内容的论述。经典作家们不但直接对"感觉""表象""观念""意识""认识"等"内容"和"心理内容"展开了论述，而且还从认识论角度说明其对象、来源和产生途径，从本体论角度说明其基础、构成和本质。这些丰富的思想共同构成了马克思主义的内容理论。我们首先来分析马克思主义经典著作中对内容和心理内容的界定。

在马克思主义经典著作中，有两种论述我们可以认定为可能是关于心理内容的论述。在第一种情况中，直接有"内容""心理内容"这样的概念出现。在第二种情况中，虽然没有直接出现这样的概念，但却出现了马克思主义认识论中其他常见的术语，如"意识""观念""反应""概念""真理""知识"等。当然，我们不能武断地认为这样一些术语和概念的出现，就一定标志着对心理内容的论述。关键还要深入到经典文本的语境和用法当中，考察这些语词是什么意思。

一、直接使用"内容"一词来表述心理内容

我们先从第一种情况开始考察。马克思主义经典著作中，涉及"内容"一词的表述不计其数，其中针对内容本身进行论述、能够进入我们研究视野中的表述也有数百处之多。对于如此多的表述在此不便于一一列举，因此笔者根据"内容"出现在这些表述中时所对应的概念对这些表述进行分类研究。笔者认为，这些表述大致可以分为如下四类。

第一，把内容看作和语词、句子相对应的东西。例如，"它极其轻巧地摈弃了这些字的内容虽然并没有摈弃这些字本身"。《德意志意识形态》在进行评述时引用到："'你'……是'词句的内容'，即'唯一者'的内容，而在同一页上又写着：'他本人，施累加，是词句的内容，这一点他却忽略了。'唯一者'就是词句，作为'你'，即作为创造物来说，他是词句的内容。"[1] 在借助语言分析的方法论述国家和宗教时，马克思和恩格斯讲道："宾词或谓语的全部范围、全部内容，都可以被否定，如以上在谈到宗教和国家的时候，就是如此。"[2]

第二，把内容作为现实的东西，看作思辨结构的"实体"所不具有的东西，与抽象相对立。当马克思和恩格斯提及内容的这层含义时，往往会用到这样一些概念："现实内容""客观内容""历史内容""世俗内容""社会内容""人的内容""生活的内容"等。马克思和恩格斯在揭示思辨结构的秘密时指出，思辨结构从"现实"中得到的"一般观念""抽象观念"所对应的"实体"的缺陷在于它"是得不到内容特别丰富的规定的"，所以"为了要达到某种现实内容的假象"，"实体"要返回到"现实"所达到的东西。"思辨的思维从各种不同的现实的果实中得出一个抽象的'果实'——'一般果实'，所以为了要达到某种现实

---

[1] 马克思，恩格斯. 马克思恩格斯全集. 第3卷. 中共中央马克思恩格斯列宁斯大林著作编译局译. 北京：人民出版社，1960：302.
[2] 马克思，恩格斯. 马克思恩格斯全集. 第3卷. 中共中央马克思恩格斯列宁斯大林著作编译局译. 北京：人民出版社，1960：336.

内容的假象，它就不得不用这种或那种方法从'果实'、从实体返回到现实的千差万别的平常的果实，返回到梨、苹果、扁桃等上去。"①马克思和恩格斯在《神圣家族》中批判黑格尔所说"历史的无穷无尽的内容"时，认为历史的内容是"现实的、活生生的人""追求着自己目的的人的活动"所创造的②。在这里，内容是与现实相一致的。再如，在如下一些表述当中，内容同样被看作是与抽象相对立的东西。"绝对的批判绝没有想到'进步'这个范畴是没有任何内容的、抽象的。"③"正像宗教从各种世俗内容中摆脱出来就使宗教成了抽象的、绝对的宗教一样。"④在批判市民社会的利己主义者时，把内容看作与意义相关、与绝对空虚相对立的东西，这同样体现了内容与现实的联系，与抽象、空虚、非现实的矛盾。"原子是没有需要的，是自我满足的；它身外的世界是绝对的空虚，也就是说，这种世界没有任何内容，没有任何意义，没有任何重要性，这乃是因为在原子的自身中已经万物皆备的缘故。"⑤恩格斯在《诗歌和散文中的德国社会主义》中谈到了"人的内容"，他引述律恩所说的"歌德身上除了人的内容没有别的内容"，并对这种故意夸大歌德身上"人的"东西做法进行了批评。恩格斯反对把"人"看作是抽象的人，而把"人的"理解为"社会的"，因此"人的内容"就是反映社会现实的东西⑥。

第三，把内容作为形式的对应范畴。恩格斯在论述思维和存在的一致性时提到，"我们的主观的思维和客观的世界服从于同样的规律，而且彼此一致"，这一事实"统治着我们的理论思维"，"18世纪的唯物主义……只就这个前提的内容去研究这个前提。它只限于证明一切思维和知识的内容都应当起源于感性的经验……只有现代唯心主义的而同时也是辩证的哲学，特别是黑格尔，还从形式的方面去研究这个前提"⑦。形式和内容之间的关系是同一的或者不可分割

---

① 马克思，恩格斯. 马克思恩格斯全集. 第2卷. 中共中央马克思恩格斯列宁斯大林著作编译局译. 北京：人民出版社，1957：72.
② 马克思，恩格斯. 马克思恩格斯全集. 第2卷. 中共中央马克思恩格斯列宁斯大林著作编译局译. 北京：人民出版社，1957：118-119.
③ 马克思，恩格斯. 马克思恩格斯全集. 第2卷. 中共中央马克思恩格斯列宁斯大林著作编译局译. 北京：人民出版社，1957：106.
④ 马克思，恩格斯. 马克思恩格斯全集. 第2卷. 中共中央马克思恩格斯列宁斯大林著作编译局译. 北京：人民出版社，1957：124.
⑤ 马克思，恩格斯. 马克思恩格斯全集. 第2卷. 中共中央马克思恩格斯列宁斯大林著作编译局译. 北京：人民出版社，1957：153.
⑥ 马克思，恩格斯. 马克思恩格斯全集. 第3卷. 中共中央马克思恩格斯列宁斯大林著作编译局译. 北京：人民出版社，1960：254-272.
⑦ 马克思，恩格斯. 马克思恩格斯全集. 第20卷. 中共中央马克思恩格斯列宁斯大林著作编译局译. 北京：人民出版社，1971：610.

的。"整个有机界在不断证明形式和内容的同一或不可分离。"①马克思在《给父亲的信》中提到实体法与形式法之间的关系时,也有大量关于形式和内容之间关系的论述。虽然他明确指出,对前一种关系的理解是他当时已经"摒弃"了的,但是对后一种关系即形式和内容的关系的理解却在他随后的著述中一直沿用下来。我们在此也只关注其中关于形式和内容的思想,而不关注他关于形式法和实体法的划分。他认为关于形式法的学说要说明的是"体系的纯粹形式",而关于实体法的学说则要说明"叙述体系的内容,说明形式怎样凝缩在自己的内容当中"②。至于形式,他的理解是"我则认为形式是概念表述的必要结构"③。"概念也是形式和内容之间的中介环节。"④在《关于伊壁鸠鲁哲学的笔记》和《德谟克利特的自然哲学和伊壁鸠鲁的自然哲学的差别》中也有大量涉及内容和形式的论述。

第四,把内容对应为思维对象,直接规定为"思维内容"或感性内容,即心理内容。"世界和思维规律是思维的唯一内容。"⑤恩格斯的这一论述是经典著作中关于心理内容最直接的也是最重要的论述之一,因为它从对象的角度对思维内容进行了界定,真正的、唯一的思维内容即是世界和思维规律。任何熟悉近代哲学的人都知道认识对象在一种哲学理论中所具有的重要意义。"哲学认识论上所说的认识对象,从广义上看也就是哲学的对象,哲学的对象是和哲学的特殊性质联系在一起的。"⑥列宁曾经批评马赫"既然不承认客观的、不依赖于我们而存在的实在是'感性内容',那么在他那里就只剩下一个'赤裸裸的抽象的'自我"⑦。换言之,我们应该承认的"感性内容"就是外部实在、外部环境。恩格斯还指出,对世界研究的结果不是出发点和原则,而是结果和结论,那些先在头脑中构造出结果然后再用这些结果在头脑中构造出世界的做法就是"玄

---

① 马克思,恩格斯.马克思恩格斯全集.第20卷.中共中央马克思恩格斯列宁斯大林著作编译局译.北京:人民出版社,1971:650.
② 马克思,恩格斯.马克思恩格斯全集.第40卷.中共中央马克思恩格斯列宁斯大林著作编译局译.北京:人民出版社,1982:11.
③ 马克思,恩格斯.马克思恩格斯全集.第40卷.中共中央马克思恩格斯列宁斯大林著作编译局译.北京:人民出版社,1982:11.
④ 马克思,恩格斯.马克思恩格斯全集.第40卷.中共中央马克思恩格斯列宁斯大林著作编译局译.北京:人民出版社,1982:11.
⑤ 马克思,恩格斯.马克思恩格斯全集.第20卷.中共中央马克思恩格斯列宁斯大林著作编译局译.北京:人民出版社,1971:622.
⑥ 陈修斋:欧洲哲学史上的经验主义和理性主义.北京:人民出版社,2007:104.
⑦ 列宁.列宁全集.第18卷.中共中央马克思恩格斯列宁斯大林著作编译局译.北京:人民出版社,1959:36.

想"。马克思主义内容思想对心理内容的理解与唯心主义对心理内容的理解存在着本质的不同，这种不同是由两者对世界本身的不同理解造成的。思维和存在的同一性问题，作为一个认识论问题本身就带有对本体论的预设。在唯物主义和唯心主义（如黑格尔的唯心主义）那里对这个问题的回答都是肯定的。比如，在黑格尔那里，"对这个问题的肯定回答是不言而喻的"，因为思维所认识的"正是这个世界的思想内容"，"思维能够认识那一开始就已经是思想内容的内容，这是十分明显的"[1]。新唯物主义之所以作出肯定回答有两层原因。一是在思维与存在关系的第一个方面上肯定了物质、存在、自然界的第一性的本原地位，在本体论上肯定了世界上只有物质和物质的运动。这就使得进而再考察思维与存在的"另一方面的"问题，即思维能否认识现实世界这一问题时，不至于陷入二元论。因为思维和存在的区分是相对的，只在认识论的层面有意义。在这两种内容理论中，心理内容都被看作是关于"周围世界的思想"或者"关于现实世界的表象和概念"，但对唯物主义而言，心理内容与世界的关系是物质对物质的关系，思维与存在的同一性代表着世界的物质统一性；而对唯心主义而言，心理内容与世界的关系是思想内容对思想内容的关系，世界在精神中得到统一。

上面列举的就是马克思主义经典著作中直接与"内容"一词相关的关于心理内容的论述。这些论述看起来好像是关于"内容"一词的不同含义的论述，即关于不同内容的论述。实则不然。笔者认为，上面对内容的论述所论述的是同一个内容，也就是说，马克思和恩格斯所理解的内容有一个固定的、一般的含义，上面我们总结的四种类型的区分只是对这个内容的不同特性的描述，这个描述是通过与形式、抽象、句子、语词等其他概念的对比来进行的。那么内容的这个固定的、一般的含义是什么呢？它又具有哪些特性呢？笔者认为，这个内容指的就是任何作为主体的东西在其自身中所能够包含的东西。而对于主体，正如马克思所说："物质是一切变化的主体。"[2] 当马克思把"内容"与字、词、句放在一起进行理解时，这些字词句本身就成为主体，它们的"全部范围"即是它们的"全部内容"。当然，语言的内容也就是形势变化了的思想内容、心理内容。在批评语言哲学的唯心主义本质时，马克思和恩格斯论述了语言、思想和内容之间的关系，即思想可以通过语言的形式将自己的内容实现出来。他们指出："语言是思想的直接现实。正像哲学家们把思维变成一种独立的力量那

---

[1] 马克思，恩格斯. 马克思恩格斯选集. 第4卷. 中共中央马克思恩格斯列宁斯大林著作编译局译. 北京：人民出版社，1995：225.

[2] 马克思，恩格斯. 马克思恩格斯全集. 第2卷. 中共中央马克思恩格斯列宁斯大林著作编译局译. 北京：人民出版社，1957：164.

样，他们也一定要把语言变成某种独立的特殊的王国。这就是哲学语言的秘密，在哲学语言里，思想通过词的形式具有自己本身的内容。"[①]当马克思和恩格斯把内容看作现实的东西与抽象相对立时，他们强调的是内容所具有的现实性。根据辩证法的思想，物质世界所具有的内容与思维所具有的内容是同一的，这种内容的最典型特性在于现实性。所以，在这个意义上讲，思维内容、社会内容、历史内容、世俗内容等一切能够被承认的内容都是现实内容，它们都否定和反对唯心主义所承诺的那种"抽象内容"。最后，关于形式和内容的区分，经典作家们虽然总是用到这对区分，但是要注意这个区分并不是也不可能是一种绝对的区分，我们可以把它理解为一种在逻辑上的区分，是为了说明问题的便利而采用的区分。在现实中，并没有形式和内容的区分。这正是恩格斯所强调的内容和形式的同一性和不可分离性。从上述分析我们可以看出，思维内容、心理内容是马克思主义内容理论中的一个重要的构成部分。思维内容的范围和对象是整个世界和思维规律，它的典型特性是现实性，它本身也是内容和形式的同一。只有具备了人脑这个现实基础，具备了世界这个现实对象，现实的内容才能以主观的形式出现在人的头脑当中，并在其中实现两者的同一。

二、关于心理内容的其他表述

通过上面的分析，我们对马克思主义的内容理论已经有了一个初步的了解，鉴于这种了解，我们再进而考察经典著作中没有直接使用"内容"一词而对心理内容进行的表述。这种表述又可以分为两种情况。第一种情况是在涉及心理内容时使用了一些心理学中常见的概念。比如，在进行这种表述时，经典作家经常使用的一些概念有"意识""精神""思维""感觉""反映"等。第二种情况是经典作家们经常提到一些在传统认识论研究中才会出现的概念，比如，"表象""概念""命题""知识""真理"等，这些东西毫无疑问都是心理内容。

在第一种情况中，我着重考察"意识"和"思维"与心理内容的关系。马克思主义经典著作对"意识"和"思维"从不同角度和层面进行过较多的界定，通过归纳和分析，它大概分为以下几种：①意识和思维的载体论表述，认为意识、思维的载体是人身、人脑和人脑的运动，"物质从自身中发展出能思维

[①] 马克思, 恩格斯. 马克思恩格斯全集. 第3卷. 中共中央马克思恩格斯列宁斯大林著作编译局译. 北京：人民出版社，1960：525.

的大脑"①;"终有一天我们可以用实验的方法把思维'归结'为脑子中的分子和化学的运动"②;"人们的意识……也是受他们肉体组织所制约的"③。"人的思维最本质和最切近的基础,正是人所引起的自然界的变化,而不单独是自然界本身。"④②意识的发生论表述,认为意识的来源是双重的,它既是人脑的产物,又是社会发展的产物;"我们的意识和思维,不论它看起来是多么超感觉的,总是物质的、肉体的器官即人脑的产物"⑤。"意识一开始就是社会的产物,而且只要人们存在着,它就仍然是这种产物"⑥;"如果没有这个史前时代,那么能够思维的人脑的存在就仍是一个奇迹"⑦。③意识的功能论表述,认为意识的作用是双重的,它既能反映客观世界又具有能动性和反作用;"人的意识不仅反映客观世界,并且创造客观世界"⑧;"发展着自己的物质生产和物质交往的人们,在改变自己的这个现实的同时也改变着自己的思维和思维的产物"⑨。以上的这些对意识的论述,角度不同,内容各异,但它们不是孤立和零碎的罗列,而是具有内在的层次性和结构性。对意识载体的界定在本体论上为意识的发生提供了支撑,从根本上肯定了大脑与意识体用不二的关系;对意识发生论的分析从基础和对象两个方面为心理内容的来源进行了规定,进而为意识的功能创造了条件。正是在这种内在结构中,思维和存在的新型关系被揭示出来。其中,有一个贯穿始终的基本原则,那就是坚持在心理内容问题上的唯物主义。

除此之外,经典著作对"感觉""观念"这些典型心理内容的说明也符合我们上面总结出的特点。比如,列宁把感觉看作是"改造过的物质的东西",认为

---

① 马克思,恩格斯.马克思恩格斯全集.第20卷.中共中央马克思恩格斯列宁斯大林著作编译局译.北京:人民出版社,1971:50.
② 恩格斯.自然辩证法.中共中央马克思恩格斯列宁斯大林著作编译局译.北京:人民出版社,1971:226.
③ 马克思,恩格斯.马克思恩格斯全集.第1卷.中共中央马克思恩格斯列宁斯大林著作编译局译.北京:人民出版社,1956:33.
④ 马克思,恩格斯.马克思恩格斯选集.第3卷.中共中央马克思恩格斯列宁斯大林著作编译局译.北京:人民出版社,1960:551.
⑤ 马克思,恩格斯.马克思恩格斯选集.第4卷.中共中央马克思恩格斯列宁斯大林著作编译局译.北京:人民出版社,1995:227.
⑥ 马克思,恩格斯.马克思恩格斯选集.第1卷.中共中央马克思恩格斯列宁斯大林著作编译局译.北京:人民出版社,1995:81.
⑦ 马克思,恩格斯.马克思恩格斯全集.第3卷.中共中央马克思恩格斯列宁斯大林著作编译局译.北京:人民出版社,1960:527.
⑧ 列宁.列宁全集.第55卷.中共中央马克思恩格斯列宁斯大林著作编译局译.北京:人民出版社,1990:182.
⑨ 马克思,恩格斯.马克思恩格斯选集.第1卷.中共中央马克思恩格斯列宁斯大林著作编译局译.北京:人民出版社1995:73.

"感觉是客观世界，即世界本身的主观映象"①。马克思对观念的说明："观念的东西不外是移入到人的头脑并在人的头脑中改造过的物质的东西而已。"②

在第二种情况中，主要考察"概念"和"真理"与心理内容的关系。在马克思主义认识论中，概念作为"事物在思想上的反映"③是辩证思维的最基本的形式之一，正如恩格斯所说，辩证思维应"以概念本性的研究为前提"④。判断、推理、假说和理论都是以概念作为起点的。经典作家在论述概念时，特别强调概念作为心理内容的客观性和现实性。恩格斯在论述数和形的概念时就强调："和数的概念一样，形的概念也完全是从外部世界得来的，而不是在头脑中由纯粹的思维产生出来的。必须先存在具有一定性状的物体，把这些形状加以比较，然后才能构成形的概念。"⑤这与我们上面提到的经典作家对于心理内容客观性的强调是完全一致的。在马克思主义哲学中，概念和真理都是心理内容的重要组成部分，两者都是主观和客观的统一，即在形式上是主观的，在内容上是客观的。把真理看作是思维对现实世界正确的反映，这是马克思主义真理观的一个特色，因此这样的真理也都被称为客观真理。"有没有客观真理？就是说，在人的表象中能否有不依赖于主体、不依赖于人、不依赖于人类的内容？"⑥由此可见，列宁把内容作为衡量客观真理是否存在的基本标准：如果人的心理内容当中包含有不以人的意志为转移的客观成分，那么客观真理就是存在的。

通过以上分析，我们可以看出，马克思主义经典作家用不同概念、从不同角度和层面对心理内容进行了大量的、详细的论述。这些论述明确了马克思主义哲学对心理内容问题的基本立场，即彻底的唯物主义立场，指明了心理内容的基本特点即现实性，规定了心理内容的对象即整个世界和思维规律。这些论述为我们发展马克思主义的认识论、意识论提供了基本的指导原则，同样，它也为我们发展马克思的内容理论，甚至建立马克思主义的信息语义学理论奠定了基础。

---

① 列宁．列宁选集．第 2 卷．中共中央马克思恩格斯列宁斯大林著作编译局译．北京：人民出版社，1990：117.
② 马克思，恩格斯．马克思恩格斯选集．第 2 卷．中共中央马克思恩格斯列宁斯大林著作编译局译．北京：1995：217.
③ 马克思，恩格斯．马克思恩格斯全集．第 20 卷．中共中央马克思恩格斯列宁斯大林著作编译局译．北京：人民出版社，1971：24.
④ 马克思，恩格斯．马克思恩格斯选集．第 3 卷．中共中央马克思恩格斯列宁斯大林著作编译局译．北京：人民出版社，1995：545.
⑤ 马克思，恩格斯．马克思恩格斯选集．第 2 卷．中共中央马克思恩格斯列宁斯大林著作编译局译．北京：人民出版社，1957：41.
⑥ 列宁．列宁选集．第 2 卷．中共中央马克思恩格斯列宁斯大林著作编译局译．北京：人民出版社，1990：121.

第二节 借鉴信息语义学的积极成果发展马克思主义内容理论

马克思主义理论一贯重视借鉴其他理论的优秀的成果来发展自己，对马克思主义内容理论的发展也不能例外。西方哲学心理内容自然化的诸多方案在实质上都能够与马克思主义哲学的精神、原则和方法相呼应。比如，登克尔（A. Denkel）提出的以 M-关系为基础的自然化就是一个很好的例证。登克尔承认心理内容有必要进行自然化，但他选择的自然化基础比较独特，他认为，话语 M 与所意指的东西之间存在的一种客观而独立的关系即 M-关系，这里的 M 是英文单词 mechanism 的代表，指的是人们在长期的交流中所形成的一种因果结构或者机制。这种关系不依赖于甚至先于具体说者的意向。那么 M-关系是如何形成的呢？登克尔认为，这种关系是在实践中形成的。具体而言，说者在说出 X 时，听者能知道它指的是 r，这本身就表明 X 和 r 之间已经具有一种客观存在的关系，换言之，这种关系并不是当下的说者和听者确定的，而是在以前的语言实践中形成的。把 M-关系的产生最终追溯到实践上，并用实践的观点来说明心理表征与其内容之间的关系，这与马克思主义把实践作为心理内容（认识）的来源在思想方法上是一致的。信息语义学对马克思主义内容理论的积极作用更加显著。对马克思主义哲学而言，用信息及其相关概念说明心理内容既是时代精神的要求，又是马克思主义理论自身特性的体现。我们当前的时代是一个信息的时代，作为时代精神之精华的哲学不可能不在信息上有所体现。信息科学技术的发展正在不断改变着我们周围的世界，改变着人们的工作、生活和学习方式，其造成的结果就是人们的世界观、人生观逐步发生改变。西方哲学早在 20 世纪中叶就开始认识到信息时代的来临将对哲学造成的影响。从卡尔纳普第一次将信息作为哲学概念引入语义学研究，到德雷斯基创立第一个比较完善的自然主义的信息语义学理论，再到 21 世纪初信息哲学作为一门独立的哲学分支获得哲学界的广泛认可，信息概念在哲学中的迅速"蹿红"以无可置疑的方式向我们传达了这样的信息：任何一种进步的、发展的、有活力的哲学理论都必须对信息作出回应。马克思主义哲学就是这样一种与时俱进的哲学，它从来都重视从科学技术和其他先进的哲学理论中汲取营养。恩格斯早就指出："随着自然科学领域中每一个划时代的发现，唯物主义也必然要改变自己的形式。"[1]由于时代的局限性，马克思主义经典作家并没有在自己的著作中直接就信息本身展开过论述，但是这并不妨碍我们根据马克思主义的指导精神，与时俱进，用信息概念来解释和发展马克思主义。

当前国内哲学界对于用信息概念发展马克思主义哲学已经有了不少初步的、极有价值的尝试。从20世纪80年代至今，国内哲学界都不断出现围绕信息概念的哲学著述。这些讨论涵盖的范围极广，从信息能否被作为一个哲学概念，到信息概念如何界定，它有哪些特性，它与反映、与人脑的关系是什么。有的学者主张从整个信息系统的角度研究信息，认为信息的特征在于"目的性、系统性和动态性""信息的质就是信息系统的结构演化的模式"[2]。有的学者依据维纳《控制论》的观点，认为信息属于关系范畴，这种关系的载体是物，作为物的具体形态的人脑同样是信息的载体，这样信息与认识、精神的关系也就进入了我们的研究视野[3]。还有的学者把信息与赋义、释义相结合，认为信息交流过程就是释义和赋义的循环和互动过程[4]，或认为"信息与意义的关联是一种属人的认识现象"[5]。更多的学者则是敏锐地意识到信息概念对于马克思主义认识论的重要性，主要针对信息与反应范畴[6]、信息与中介系统[7]的关系进行研究。从这些研究中我们可以看出，当前国内对信息的哲学研究主要集中在两个方面：一是对信息本身的说明，涉及信息的哲学定义、属性、本质及信息的本体论地位等；二是对信息与内容、意义、反映、知识等认识论和知识论概念关系的说明。关于第一方面，本书前文已经涉及较多，本章涉及的内容主要与第二方面的说明相关。

笔者在前面已经提到，对信息本身的理解会直接影响到对信息语义学的理解，国内哲学界用信息概念解读马克思主义的内容理论同样也不例外。在上面的几章已经围绕信息本身作出了一些说明，下面就将根据笔者对信息的理解利

---

[1] 马克思，恩格斯. 马克思恩格斯选集. 第4卷. 中共中央马克思恩格斯列宁斯大林著作编译局译. 北京：人民出版社，1995：224.
[2] 陈忠. 信息究竟是什么？哲学研究，1984，(11)：14-19.
[3] 钟学富. 信息概念的哲学分析. 哲学研究，1985，(7)：41-47.
[4] 李伯聪. 释义和赋义：多元关系中的信息. 哲学研究，1997 (1)：48-56.
[5] 肖锋. 重勘信息的哲学含义. 中国社会科学，2010，(4)：32-43.
[6] 李崇富. 反映范畴与信息的本质. 哲学研究，1986，(8)：32-37.
[7] 杨富斌. 认识的中介系统新解. 哲学动态，2000，(1)：16-22.

| 信息与心理内容 |

用此概念来解读和重构马克思主义的内容理论。

心理内容的自然化理论与马克思主义内容理论概念范畴体系，在研究目的，以及对内容范围的把握和界定上都具有较高的一致性，这证明了构建马克思主义信息语义理论的可行性。从概念的范畴体系来看，马克思主义经典作家确实没有直接使用"信息""意向""心理表征""意向性"等这些术语来探究心理内容与物质世界之间的关系，但他们使用的却是另外一套具有相同涵义的术语，如"感觉""表象""影象""画像""反映""摹写""思维""外部世界"等。当他们在探讨"思维与外部世界的关系""物及其在思想上的摹写或反映"时，当他们说到"思维永远不能从自身中，而只能从外部世界中汲取和引出存在的形式"①时，说到"唯物主义……把感觉看作物、物体、自然界作用于我们感官的结果"时，他们实际上就是在探讨心理内容与外部世界之间的表征关系。在经典著作中，类似"我们关于我们周围世界的思想""我们关于现实世界的表象和概念"②这样的表述数不胜数，它们实际上就是典型的内容表征理论中常用的表述方式，是经典作家对心灵与世界之间表征关系的肯定。值得注意的是，列宁关于心理内容（感觉）的一些论述甚至与当代心灵哲学中有关思维语言的理论不谋而合。他与马赫争论物和符号究竟何为世界的真正要素，何为这个真正要素的符号时，批评马赫说："马赫在这里直截了当地承认物或物体是感觉的复合，十分明确地把自己的哲学观点同一种相反的、认为感觉是物的'符号'（确切地说，物的映象或反映）的理论对立起来。这后一种理论就是哲学唯物主义。"③他在论述自然界中的因果性和必然性时提到："秩序、目的、规律不外是一些词，人用这些词把自然界的事物翻译成自己的语言，以便了解这些事物；这些词不是没有意义的，不是没有客观内容的（nicht sinn-d. h. gegenstandlose worte）；但是，我还是应当把原文和译文区别开来。人理解秩序、目的、规律这些词是有些随意的。"④引文中的着重号是作者自己加的，那么列宁在这里强调的"自己的语言"是指什么语言呢？回答这个问题的关键在于认识到"思想和存在是同一的"。列宁说："秩序等等只存在于自然界就像存在于人的头脑和感

---

① 马克思，恩格斯．马克思恩格斯选集．第4卷．中共中央马克思恩格斯列宁斯大林著作编译局译．北京：人民出版社，1995：224.
② 马克思，恩格斯．马克思恩格斯选集．第4卷．中共中央马克思恩格斯列宁斯大林著作编译局译．北京：人民出版社，1995：214.
③ 列宁．列宁全集．第18卷．中共中央马克思恩格斯列宁斯大林著作编译局译．北京：人民出版社，1959：34.
④ 列宁．列宁全集．第18卷．中共中央马克思恩格斯列宁斯大林著作编译局译．北京：人民出版社，1959：157.

觉中一样。"[①]在这里，我们虽然不能说他指的就是思维语言，但是至少其中包含着关于思维语言、心理语言的倾向。因为自然语言是有形体的，无法进入心灵当中，思维语言则不然，它是思想中的语言。列宁既然强调这些词有客观内容和意义，又为何说人们会对之作出随意理解呢？那么答案就只能是列宁在强调"自己的"这三个字时认为，应该有一种可供思维直接加工的语言。这种语言在心灵当中，所以列宁把它们称作"译文"与作为自然界的"原文"区别开来。

从研究目的来看，马克思主义认识论和内容理论的一个显著特点是始终坚持唯物主义。对灵魂、心灵、思维、心理内容的唯物主义化，是论证世界物质统一性，反对唯心主义和二元论的重要手段。这与心理内容自然化的根本目标是一致的。它们都主张对这些东西作出现实的、科学的和自然的说明。所以当信息语义学家试图借助信息概念，要用"物质的面粉"烤出"心灵的面包"时，我们立刻会发现他们实际上是要把世界的物质统一性贯彻到心灵当中。对于两种理论研究的范围，笔者在前面考察马克思主义对内容对象的规定时已经提到过。当前内容表征理论中探讨的一个重要问题是意向非存在的问题，也就是说，我们的思维、心理内容可以与实际上不存在的东西发生关系，但这是何以可能的呢？这里的一个关键问题是对意向对象及非存在对象的认识和理解问题。围绕这一问题西方哲学中展开了大量的争论，而且作出了大量以非存在为对象的研究。马克思主义内容理论同样为这一问题的解答提供了思路。在马克思主义看来，唯一的心理内容就是世界和思维规律。而作为思维内容的对象即心理对象和意向对象的范围应当是一致的。这告诉我们，对于非存在对象的理解应该往现实世界中去追溯。

经典著作中关于心理内容的大量论述表明，马克思主义哲学承认心理内容的实在性。那么我们因此就可以按照自然主义的研究方式追问，当我们理解马克思主义哲学所说的心理内容时要不要有自然化的视角？如果要的话应该如何理解这种自然化？笔者认为，这样的问题一定要谨慎对待。首先，马克思主义哲学作为彻底的唯物主义理论，将唯物主义的原则贯彻到底，那么不言而喻，它在论述中所使用的"感觉""表象""意识""精神"等表述心理内容的概念与以往的旧唯物主义和唯心主义二元论所理解的这些概念已经有了质的不同。这表现在马克思主义对心理内容的来源、对象、实质和产生途径都作出了彻底的唯物主义的说明。比如，马克思不再把精神、意识等看作实体性的存在，不再把心理内容看作是抽象的东西等。因此我们有理由认为，马克思主义经典作家

[①] 列宁. 列宁全集. 第18卷. 中共中央马克思恩格斯列宁斯大林著作编译局译. 北京：人民出版社，1959：157.

早已经完成了"对心灵的祛魅",马克思主义经典文本中用来表述心理内容的概念,是已经被改造过的、剔除了唯心主义成分的或者说经过"自然化"的概念。其次,在我们理解和解读马克思主义内容理论,发展马克思主义认识论时,要警惕唯心主义和二元论的侵袭,对经典文本产生误读。马克思主义经典作家由于时代局限和研究侧重点的不同,虽然在结论上完成了对心理内容的自然化,但却并没有详细论述这个结论是如何一步步达到的。这就为解读马克思主义的内容理论造成了一定的困难。"马克思主义经典作家早在一百多年前就发起了这种变革。然而,由于理解和解释上的问题,过去的一些哲学教科书和论著在陈述、解读马克思主义的意识论思想时,往往把它置于属性二元论境地,甚至把它推向了一元论和二元论相互矛盾的困境。"[1]也就是说,我们不能够根据自己日常的经验或者直觉去解读马克思主义。因为这样的解读往往会得出唯心主义或者二元论的结论。因为,按照西方心灵哲学对民间心理学(FP)的研究,我们的日常语言和生活实践背后潜藏着唯心主义和二元论的思维方式[2]。如果放任这种思维方式,就必然背离唯物主义。而且,在前面已经提到,马克思主义强调的心理内容很明显主要指的就是宽内容。那么,对我们自身而言,正确的理解马克思关于心理内容的理论实际上就是一个对马克思所说的心理内容自然化的过程。这个自然化过程可能有很多方案,但是信息一定是一种最主要的可行性方案。

那么,信息在马克思主义内容理论当中应该扮演什么角色?换言之,以信息为基础建立起来的马克思主义内容理论,即马克思主义信息语义学应该是什么样的呢?虽然马克思主义经典作家主要是从基础、对象、来源等层面对心理内容作出比较宏观的说明,较少涉及某一要素对心理内容的作用,但是我们通过对这些说明的分析和相互对照还是可以发现,经典作家在很多时候都在暗示着信息的作用。从心理内容的起源来看,人类心灵的反映特性是获得心理内容的自然基础。那么,什么是反映呢?它与信息有何关系呢?我们以最简单的心理内容感觉为例来进行说明。"物质作用于我们的感官而引起感觉。感觉依赖于大脑、神经、视网膜等,也就是说,依赖于按一定方式组成的物质。物质的存在不依赖于感觉。物质是第一性的。感觉、思想、意识是按特殊方式组成

---

[1] 高新民,刘占峰等.心灵的解构.北京:中国社会科学出版社,2005:480.
[2] 民间心理学,即 folk psychology,国内亦有人翻译为"民众心理学""大众心理学"等,它指的是隐藏在每个正常人心灵深处、体现在人的行为解释预言实践中的概念图式或者能力结构,是一种有特定含义的"理论"。国内外介绍民间心理学的著述都非常丰富,在此不再过多解释。实际上,对心理内容的自然化也就是要给予民间心理学的概念以自然主义的说明。

的物质的高级产物。这就是一般唯物主义的观点,特别是马克思和恩格斯的观点。"① 在明确了什么是感觉之后,列宁进一步对反映特性进行了说明:"假定一切物质都具有在本质上跟感觉相近的特性,反映的特性,这是合乎逻辑的。"②所以反映特性不但是感觉而且是一切物质都具有的特性。但是这样一来就存在一个问题,如果一切物质都具有反映特性的话,那么这种特性对于具有心理内容的物质(如人脑)和不具有心理内容的物质(如桌子)有何不同呢?为什么桌子能够反映却不具有心理内容呢?有些教科书把人脑的反映特性称作"反应"以区别于一般物质的反映特性,但这只是在语词上把人的心理内容的特殊性区别开来,因此我们不可能满足于这种说明。还有人会把责任推给人脑,说正是人具有人脑才具有感觉等心理内容。这种说法同样不能令人满意。因为,我们一直追问的就是"人脑的反映特性"何以产生心理内容,如果这个问题的答案再回到人脑中去寻找的话,那就无异于承认除了反映特性之外人脑必然还具有其他的特性才使心理内容产生出来。那么,这种不同于反映特性的其他特性到底是什么呢?马克思主义经典著作和教科书给我们的答案是"能动性"。也就是说,人的心灵(大脑)除了反映之外,还能够能动地对外来信息进行加工,进而产生一系列的心理内容。这个回答又一次与我们的心理内容自然化方案保持了惊人的一致。心灵确实具有一种"能动的"能力,信息语义学家把心灵的这种能力称作机制。整个心灵自然化工程的核心工作就是要找到这种机制并对之作出自然主义的说明。如果我们从信息的观点来看的话,心灵所具有的这种机制或者说能动性实际上就是心灵能够处理信息的能力,一种比较复杂的信息处理能力。在无机物中,一般的物体,如桌子也能够接收并处理信息,但这种处理只是简单的处理,因此不会产生心理内容。在有机物中,从最简单的单细胞生物到动物再到人类,这种信息处理的机制越来越复杂,因此它们能够具有的心理内容的形式也就越来越高级。所以我们通常认为,只有人具有意识这种比较复杂的心理内容而动物则不具有。因此越是复杂的心灵所能够处理的信息也就越是复杂。那么,人所具有的这种能动性(信息处理能力)是如何获得的呢?这一问题经典作家给出的答案与信息语义学的回答同样一致:它们都认为这是由于进化所造成的。与动物相比,人的进化环境更为复杂,除了自然环境之外,人还在自己创造并不断从事实践活动的社会环境中完成进化。

---

① 列宁. 列宁全集. 第18卷. 中共中央马克思恩格斯列宁斯大林著作编译局译. 北京:人民出版社,1959:49.
② 列宁. 列宁选集. 第2卷. 中共中央马克思恩格斯列宁斯大林著作编译局译. 北京:人民出版社,1990:89.

参考文献

安斯康姆.2008.意向.张留华译.北京：中国人民大学出版社.
北京大学哲学系外国哲学史教研室.1975.十六—十八世纪西欧各国哲学.北京：商务印书馆.
北京大学哲学系外国哲学史教研室.2005.西方哲学原著选读.上卷.北京：商务印书馆.
陈嘉映.2003.语言哲学.北京：北京大学出版社.
陈修斋.2007.欧洲哲学史上的经验主义和理性主义.北京：人民出版社.
陈忠.1984.信息究竟是什么？哲学研究，（11）：14-19.
恩格斯.1971.自然辩证法.中共中央马克思恩格斯列宁斯大林著作编译局译.北京：人民出版社.
高新民.2008.意向性理论的当代发展.北京：中国社会科学出版社.
高新民，刘占峰等.心灵的解构.北京：中国社会科学出版社.
洪谦.2005.论逻辑经验主义.北京：商务印书馆.
科林伍德.2007.形而上学.宫睿译.北京：北京大学出版社.
克拉夫特.1998.维也纳学派.北京：商务印书馆.
蒯因.2007.从逻辑的观点看.陈奇伟，江天骥，张家龙等译.北京：中国人民大学出版社.
蒯因.2005.语词和对象.陈启伟，朱锐，张学广译.北京：中国人民大学出版社.
李佰聪.1997.释义和赋义：多元关系中的信息.哲学研究，（1）：48-56.
李崇富.1986.反映范畴与信息的本质.哲学研究，（8）：32-37.
列宁.1959.列宁全集.第18卷.中共中央马克思恩格斯列宁斯大林著作编译局译.北京：人民出版社.
列宁.1970.唯物主义和经验唯物主义.中共中央马克思恩格斯列宁斯大林著作编译局译.北京：人民出版社.
列宁.1990.列宁全集.第55卷.中共中央马克思恩格斯列宁斯大林著作编译局译.北京：人民出版社.

列宁. 1990. 列宁选集. 第 2 卷. 中共中央马克思恩格斯列宁斯大林著作编译局译. 北京：人民出版社.

刘刚. 2007. 信息哲学探源. 北京：金城出版社.

卢卡奇. 1993. 关于社会存在的本体论. 上卷. 白锡堃等译. 重庆：重庆出版社.

卢西亚诺·弗洛里迪. 2010. 计算与信息哲学. 刘刚等译. 北京：商务印书馆.

洛克. 1959. 人类理解论. 关文运译. 北京：商务印书馆.

马克思，恩格斯. 1956. 马克思恩格斯全集. 第 1 卷. 中共中央马克思恩格斯列宁斯大林著作编译局译. 北京：人民出版社.

马克思，恩格斯. 1957. 马克思恩格斯全集. 第 2 卷. 中共中央马克思恩格斯列宁斯大林著作编译局译. 北京：人民出版社.

马克思，恩格斯. 1958. 马克思恩格斯全集. 第 4 卷. 中共中央马克思恩格斯列宁斯大林著作编译局译. 北京：人民出版社.

马克思，恩格斯. 1960. 马克思恩格斯全集. 第 3 卷. 中共中央马克思恩格斯列宁斯大林著作编译局译. 北京：人民出版社.

马克思，恩格斯. 1971. 马克思恩格斯全集. 第 20 卷. 中共中央马克思恩格斯列宁斯大林著作编译局译. 北京：人民出版社.

马克思，恩格斯. 1982. 马克思恩格斯全集. 第 40 卷. 中共中央马克思恩格斯列宁斯大林著作编译局译. 北京：人民出版社.

彭聃龄. 2004. 普通心理学. 北京：北京师范大学出版社.

普特南. 2005. "意义"的意义. 李绍猛译 // 陈波，韩林合. 逻辑与语言. 北京：东方出版社.

唐纳德·戴维森. 2007. 对真理和解释的探究. 牟博译. 北京：中国人民大学出版社.

田平等. 2005. 实在、心灵与信念：当代美国哲学概论. 北京：人民出版社.

托马斯·黎黑. 1998. 心理学史. 李维译. 杭州：浙江教育出版社.

王文方. 2008. 形上学. 台北：三民书局.

维纳. 1963. 控制论. 郝季仁译. 北京：科学出版社.

维特根斯坦. 2005. 哲学研究. 陈嘉映译. 上海：上海世纪出版集团.

邬焜. 2005. 信息哲学：理论、体系、方法. 北京：商务印书馆.

肖锋. 2010. 重勘信息的哲学含义. 中国社会科学，（4）：32-43.

杨富斌. 认识的中介系统新解. 哲学研究.

约翰·奥斯汀. 2010. 感觉与可感物. 陈嘉映译. 北京：华夏出版社.

约翰·波洛克，乔·克拉兹. 2008. 当代认识论. 陈真译. 上海：复旦大学出版社.

约翰·塞尔. 2005. 心灵的再发现. 王巍译. 北京：中国人民大学出版社.

钟学富. 1985. 信息概念的哲学分析. 哲学研究，（7）：41-47.

Adams F. 2003. Thoughts and their contents: naturalized semantics//Stich S, Wafield F. The Blackwell Guide to the Philosophy of Mind. Oxford: Basil Blackwell, 143-171.

Adams F, Aizawa K. 1992. 'X' means X: semantics fodor-style. Minds and Machines, (2).

Adams F, Campbell K.1999. Modality and abstract concepts. Behavioral and Brain Sciences, (22).

Adams F, Enc B. 1988. Not quite by accident. Dialogue, (27).

Armstrong D M. 1973. Belief, Truth and Knowledge. Cambridge: Cambridge University Press.

Armstrong D M. 1995. Naturalism. materialism and first philosophy// Moser P, Trout J D. Contemporary Materialism London: Routledge.

Bar-Hillel Y. 1955. An examination of information theory. Philosophy of Science, 22 (2): 543-548.

Bar-Hillel Y. 1964. Language and Information. Reading: Addison-Wesley.

Bell D A.1957. Information Theory and its Engineering Applications. London: Pitman and Sons.

Bogdan R J. 1988. Information and semantic cognition: an ontological account. Mind and Language, (3): 81-122.

Bogdan R.J. 1987. Mind, content and information. Synthese, (70): 205-227.

Borgmann A.1999. Holding On to Reality: The Nature of Information at the Turn of the Millennium London: The University of Chicago Press, Ltd.

Brier S. 2008. Cybersemiotics: Why Information is not Enough. Buffalo: University of Toronto Press.

Brown H I. 1987. Observation and Objectivity. Oxford: Oxford University Press.

Carnap R, Bar-Hillel Y. 1952. An outline of a theory of semantic information. RLE Technical Reports 247, Research Laboratory of Electronics, Massachusetts Institute of Technology.

Chalmers D J. 2002. Philosophy of Mind. New York, Oxford: Oxford University Press.

Cover T M, Thomas J A.1991. Elements of Information Theory. New York: John Wiley & Sons.

Crane T. 1995. The Mechanical Mind.New York: Penguin.

Dennet D. 1969. Content and Information. London: Routledge, Kegan Paul.

Dennett D C, Haugel J. 1987. Intentionality //Gregory R L. The Oxford Companion to the Mind. Oxford: Oxford University press.

Dennett D. 1987. The Intentional Stance .Cambridge: The MIT Press.

Devlin K. 1991. Logic and Information. Cambridge: Cambridge University Press.

Dretske F. 1981. Knowledge and the Flow of Information. Oxford: Basil Blackwell.

Dretske F. 1986. Misrepresentation//Bogdan R J. Belief: Form, Content, and Function. Oxford: Clarendon Press: 18.

Dretske F. 1988. Explaining Behavior. Cambridge: The MIT Press.

Dretske F. 1991. Dretske's replies//Mclaughlin P. Dretske and His Critics. Cambridge: Basil Blackwell: 46-67.

Dretske F. 1994. Naturalizing the Mind. Cambridge: The MIT Press.

Dummett M. 1993. The Origin of Analytic Philosophy. London: Duckworth.

Fodor J. 1987. Psychosemantics. Cambridge: The MIT Press.

Fodor J. 1990. Information and representation//Hanson P. Information Language and Cognition Vancouver: University of British Columbia Press: 54-77.

Fodor J. 1994. The Elm and the Expert: Mentalese and its Semantics. Cambridge: The MIT Press.

Godfrey-Smith P. 2006. Mental representation, naturalism, and teleosemantics//Macdonald G, Papineau D. Teleosemantics: New Philosophical Essays. Oxford: Clarendon Press.

Grice P. 1989. Studies in the Ways of Words. Cambridge: Harvard University Press.

Israel D, Perry J. What is information?//Hanson P P. Information Language and Cognition. Vancouver: University of British Columbia Press.

Jacob P. 1997. What Minds Can do. Cambridge: Cambridge University Press.

Katz J.1998. Realistic Rationalism. Cambridge: Cambridge University Press.

Kosso P. 1989. Observability and Observation in Physical Science. Dordrecht: Kluwer Academic Publishers.

Langel J. 2009. Logic and Information: A Unifying Approach to Semantic Information Theory. PhD dissertation, Universitat Freiburg in der Schweiz.

Loewer B. 1987. From information to intentionality. Synthese, (70): 121-147.

Loewer B. 1997. A guide to naturalizing semantics// Hale B, Wright C. A Companion to the Philosophy of Language. Oxford: Blackwell.

L'Hote C. 2010. Biosemantics: an evolutionary theory of thought. Evolution Education Outreach, 3 (2) 265-274.

MacKay D M. 1969. Information, Mechanism and Meaning. Cambridge: The MIT Press.

McGinn C. 1989. Mental Content.Oxford: Basil Blackwell.

McGinn C. 1999. The Mysterious Flame. Newedition: Basic Books.

Millikan R G. 1993. White Queen Psychology and Other Essays for Alice. Cambridge: The MIT Press.

Millikan R G. 2001. What has natural information to do with intentional representation?// Walsh D. Naturalism, Evolution, Mind. Cambridge, New York: Cambridge University Press: 105-125.

Millikan R G. 2005. Language: A Biological Model. Oxford: Clarendon Press.

Millikan R. 2004. Varieties of Meaning: The 2002 Jean Nicod Lectures. Cambridge: The MIT Press.

Millikan R. G. 1984. Language, Thought, and Other Biological Categories. Cambridge: The MIT Press.

Papineau D. 1993. Philosophical Naturalism. Oxford: Basil Blackwell.

Papineau D. 2001. The rise of physicalism//Gillett C, Loewer B. Physicalism and Its Discontents . Cambridge: Cambridge University Press.

Robinson H. 1982. Matter and Sense. Cambridge: Cambridge University Press.

Sellars W.1979. Naturalism and Ontology. Atascadero: Ridgewivw Pub.Co.

Shannon C. 1948. The mathematical theory of communication. Bell System Technical Journal, (27).

Shapere D.1982. The concept of observation in science and philosophy. Philosophy of Science, (49).

Stalnaker R C.1984. Inquiry. Cambridge, The MIT Press.

Stonier T. 1990. Information and the Internal Structure of the Universe. London, New York: Springer-Verlag.

Swgal G M A. 2000. A Slim Book about Narrow Content. Cambridge: The MIT Press.

Wilson R.2004. Boundaries of the Mind. Cambridge: Cambridge University Press.

Wright L.1976. Teleological Explanation. Berkeley: University of California Press.

Young P. 1987. The Nature of Information. New York: Praeger.

后　　记

　　人类的心灵当中蕴含着无穷的宝藏。对心灵的探索注定是一项无止境的工作。本书是我为探索心灵所做的一点粗浅的尝试。在当前，对心灵进行探索的众多工具和方法当中，自然主义是最有影响力的一种，而信息又是自然主义的最爱。我坚信，自然主义要获得成功，"信息"一词一定会出现在"自然主义计划书"当中。用信息去解释心灵，还有太多的工作要做，愿本书的出版能够起到"抛砖"之效果。

　　感谢我的导师高新民教授。师恩如山，无以言表。

　　感谢华中师范大学社科处，以及刘中兴、徐福刚、马珺等诸位老师的支持和帮助。

　　科学出版社刘溪编辑和刘巧巧编辑为本书出版付出大量辛勤努力，在此表示感谢。

王世鹏
2016年4月